高等职业教育机电类专业规划教材

电工电子技术

主　编　张怡典　倪志莲

副主编　宋耀华　张　敏

参　编　许琪　严春平　杨春暖

主　审　汪临伟

机械工业出版社

本书是按照高职高专机电专业《电工与电子技术课程教学大纲》的基本要求编写的。主要内容包括直流电路、正弦交流电路、磁路与变压器、三相异步电动机、二极管及直流稳压电源、晶体管及放大电路、数字电子技术基础、时序逻辑电路等。

　　本书根据"理论知识够用为度，注重应用能力培养"的原则，内容经过精心挑选，叙述简洁明了，例题分析透彻，强调知识应用。

　　本书适用于高职高专机电类专业，也可供有关技术人员参考。

　　为方便教学，本书配有电子课件、模拟试卷及答案等，凡选用本书作为教材的学校，均可来电索取。电话：010 - 88379375；电子邮箱：wangzongf@163.com。

图书在版编目（CIP）数据

电工电子技术/张怡典，倪志莲主编 . —北京：机械工业出版社，2014.8（2019.7 重印）

高等职业教育机电类专业规划教材

ISBN 978-7-111-47337-4

Ⅰ.①电…　Ⅱ.①张…　②倪…　Ⅲ.①电工技术—高等职业教育—教材 ②电子技术—高等职业教育—教材　Ⅳ.①TM②TN

中国版本图书馆 CIP 数据核字（2014）第 152780 号

机械工业出版社（北京市百万庄大街22 号　邮政编码 100037）
策划编辑：王宗锋　责任编辑：王宗锋　张利萍
版式设计：赵颖喆　责任校对：佟瑞鑫
封面设计：陈 沛　责任印制：郜 敏
河北宝昌佳彩印刷有限公司印刷
2019 年 7 月第 1 版第 5 次印刷
184mm×260mm · 13 印张 · 312 千字
标准书号：ISBN 978-7-111-47337-4
定价：32.00 元

凡购本书，如有缺页、倒页、脱页，由本社发行部调换

电话服务　　　　　　　　　　网络服务

服务咨询热线：010 - 88379833　　机工官网：www.cmpbook.com

读者购书热线：010 - 88379649　　机工官博：weibo.com/cmp1952

　　　　　　　　　　　　　　　教育服务网：www.cmpedu.com

封面无防伪标均为盗版　　　　金书网：www.golden - book.com

前　言

本书是按照高职高专机电专业《电工与电子技术课程教学大纲》的基本要求编写的。本书突出职业教育的特点，围绕"技能型、应用型"人才培养目标，注重对学生技能的培养。在内容组织上编者根据电工与电子技术课程的教学经验进行了精心的选择和安排，突出了电工与电子技术的基础理论，并将理论与实际应用结合，一方面使读者通过学习掌握电工与电子技术的基础知识，为进一步学习后续课程打好基础；另一方面通过学习具有分析问题的能力和将基础理论应用于实际的能力。本书在编写过程中突出了以下特色：

1. 在内容结构上充分体现课程的基础性和应用性。理论知识部分以够用为原则，更注重知识的应用。如在电工设备中的电机部分以工业领域最常用的三相异步电动机及其控制为主，略去了直流电机、控制电机等相对应用较少的部分。教材在紧扣基本内容的同时，增加"案例应用"小栏目，介绍一些实用电路。

2. 注重技能培养。在相应的章节末安排有针对性的技能训练，有利于学生将理论与实际应用结合起来，突出实践技能的培养。

3. 概念正确，叙述简洁。根据高职高专学生的特点，本书基本概念严谨准确，文字简洁且通俗易懂；减少了数学公式的推导，难点重点问题配有图解。

4. 反映新技术的发展。在"知识链接"栏目中编者注意引入新知识、新技术，拓宽学生的视野，培养学生的学习兴趣。

在内容编排、例题设置和图示说明等方面依据高职高专学生的特点努力创新，实现教学效果的最优化，也更有利于学生自学。

本书由张怡典、倪志莲担任主编，宋耀华、张敏担任副主编，参加本书编写的还有许琪、严春平、杨春暖。具体编写分工为：第1章由许琪编写；第2章由宋耀华编写；第3章由杨春暖编写；第4章和第7章由张怡典编写；第5章由严春平编写；第6章由倪志莲编写；第8章由张敏编写。本书由汪临伟主审。

由于编者水平有限，书中难免存在错误和不足，恳请读者批评指正。

编　者

目　　录

前言
第1章　直流电路 ………………………… 1
1.1　电路的组成及其作用 …………… 1
1.1.1　电路及其组成 …………… 1
1.1.2　电路的作用 ……………… 2
1.2　电路的基本物理量 ……………… 3
1.2.1　电流 ……………………… 3
1.2.2　电压、电位及电动势 …… 5
1.2.3　电功率及电能 …………… 6
1.3　电路基本元件 …………………… 7
1.3.1　电阻 ……………………… 7
1.3.2　电压源 …………………… 9
1.3.3　电流源 ………………… 10
1.4　基尔霍夫定律 ………………… 12
1.4.1　电路术语 ……………… 12
1.4.2　基尔霍夫电流定律 …… 13
1.4.3　基尔霍夫电压定律 …… 13
1.5　电阻的串联、并联及混联 …… 15
1.5.1　电阻的串联 …………… 15
1.5.2　电阻的并联 …………… 15
1.5.3　电阻的混联 …………… 16
1.6　电气设备的额定值及工作状态 … 17
1.6.1　额定值 ………………… 17
1.6.2　电路的三种工作状态 … 17
1.7　电路分析方法与电路定理 …… 18
1.7.1　电源等效变换法 ……… 18
1.7.2　支路电流法 …………… 19
1.7.3　叠加定理 ……………… 20
技能训练一　电路元件伏安特性的测量 …… 21
技能训练二　基尔霍夫定律和叠加定理
验证 ………………………… 24
习题一 …………………………………… 26
第2章　正弦交流电路 …………………… 29
2.1　正弦交流电路的基本概念 …… 30
2.1.1　周期、频率、角频率 …… 30
2.1.2　幅值、有效值 ………… 30
2.1.3　相位、初相位、相位差 …… 31

2.2　正弦量的相量表示法 ………… 33
2.2.1　复数及运算 …………… 33
2.2.2　复数的相量表示 ……… 34
2.3　正弦交流电路中的电路元件 … 35
2.3.1　正弦交流电路中的电阻元件 …… 35
2.3.2　正弦交流电路中的电感元件 …… 36
2.3.3　正弦交流电路中的电容元件 …… 38
2.4　正弦交流电路的分析与计算 … 42
2.4.1　RLC 串联正弦交流电路 …… 42
2.4.2　功率因数的提高 ……… 46
2.5　三相交流电路 ………………… 47
2.5.1　三相电源 ……………… 47
2.5.2　三相负载 ……………… 51
2.5.3　三相功率 ……………… 53
2.6　安全用电 ……………………… 54
2.6.1　安全用电概述 ………… 55
2.6.2　接地与接零 …………… 56
技能训练三　荧光灯电路接线与测量 …… 57
技能训练四　三相照明电路 …………… 59
习题二 …………………………………… 60
第3章　磁路与变压器 …………………… 62
3.1　磁路基本概念 ………………… 62
3.1.1　磁场的基本物理量 …… 62
3.1.2　磁路的基本定律 ……… 63
3.1.3　铁磁材料的磁性能 …… 64
3.2　交流铁心线圈电路 …………… 66
3.2.1　电压与磁通的关系 …… 66
3.2.2　铁心中的功率损耗 …… 67
3.3　变压器 ………………………… 68
3.3.1　变压器的分类与结构 … 68
3.3.2　变压器的工作原理 …… 69
3.3.3　变压器的损耗和效率 … 71
3.3.4　变压器的铭牌 ………… 71
3.3.5　特殊变压器 …………… 72
习题三 …………………………………… 75
第4章　三相异步电动机 ………………… 76
4.1　三相异步电动机的结构及工作原理 … 76

4.1.1 三相异步电动机的基本结构 ……… 76

4.1.2 三相异步电动机的旋转磁场 … 78

4.1.3 三相异步电动机的转动原理 … 80

4.2 三相异步电动机的电磁转矩和机械
特性 …………………………………… 82

4.2.1 三相异步电动机的电磁转矩 … 82

4.2.2 三相异步电动机的机械特性 ……… 82

4.2.3 三相异步电动机的铭牌及技术
参数 ……………………………… 83

4.3 电动机的运行 …………………………… 86

4.3.1 电动机的起动 ……………………… 86

4.3.2 三相异步电动机的调速 ……… 88

4.3.3 电动机的制动 ……………………… 89

4.4 常用低压电器 …………………………… 91

4.4.1 开关电器 …………………………… 91

4.4.2 主令电器 …………………………… 94

4.4.3 执行电器 …………………………… 95

4.4.4 保护电器 …………………………… 98

4.5 三相异步电动机基本控制电路 …… 99

4.5.1 电动机连续运行控制电路 ……… 100

4.5.2 异步电动机的正反转与自动往
返控制 ……………………………… 101

4.5.3 顺序控制电路 ……………………… 104

4.5.4 多地控制电路 ……………………… 104

4.6 单相异步电动机 ……………………… 104

4.6.1 单相异步电动机的工作原理 …… 104

4.6.2 电容分相式单相异步电动机 … 105

技能训练五 三相异步电动机连续运行
控制电路制作 …………… 107

习题四 ……………………………………… 108

第5章 二极管及直流稳压电源 …… 110

5.1 PN结及半导体二极管 …………… 110

5.1.1 PN结 ……………………………… 110

5.1.2 半导体二极管 ……………………… 111

5.2 直流稳压电源 ………………………… 116

5.2.1 单相整流电路 ……………………… 117

5.2.2 滤波电路 …………………………… 118

5.2.3 稳压电路 …………………………… 119

技能训练六 整流滤波电路测试 …… 121

习题五 ……………………………………… 122

第6章 晶体管及放大电路 ………… 124

6.1 晶体管 …………………………………… 124

6.1.1 晶体管的结构及符号 …………… 124

6.1.2 晶体管的电流放大作用 ………… 126

6.1.3 晶体管的特性曲线 ……………… 127

6.1.4 晶体管的主要参数 ……………… 127

6.2 共发射极基本放大电路 …………… 129

6.2.1 放大电路的组成和工作原理 … 129

6.2.2 放大电路的分析 ………………… 130

6.3 多级放大电路 ………………………… 134

6.3.1 多级放大电路的组成 …………… 134

6.3.2 级间耦合形式及其特点 ………… 134

6.3.3 多级放大电路性能参数估算 … 135

6.4 集成运算放大器 ……………………… 136

6.4.1 集成运放的电路结构 …………… 136

6.4.2 理想集成运放的两个重要特征 … 137

6.4.3 基本运算电路 ……………………… 138

技能训练七 单管共发射极放大电路
测试 …………………………… 141

习题六 ……………………………………… 142

第7章 数字电子技术基础 ………… 145

7.1 数字电路概述 ………………………… 145

7.1.1 数字信号与数字电路 …………… 145

7.1.2 数制 ………………………………… 146

7.1.3 常用数制转换 ……………………… 147

7.1.4 码制 ………………………………… 148

7.2 逻辑代数基础 ………………………… 150

7.2.1 基本逻辑及其运算 ……………… 150

7.2.2 复合逻辑运算 ……………………… 152

7.2.3 逻辑函数的表示方法 …………… 153

7.2.4 逻辑代数中的基本公式和定律 … 154

7.2.5 逻辑函数的化简 ………………… 154

7.3 逻辑门电路 …………………………… 155

7.3.1 电子元件的开关特性 …………… 155

7.3.2 基本逻辑门电路 ………………… 157

7.3.3 TTL集成逻辑门电路 …………… 159

7.4 组合逻辑电路 ………………………… 162

7.4.1 组合逻辑电路分析 ……………… 162

7.4.2 组合逻辑电路设计 ……………… 163

7.5 常用中规模组合逻辑电路 ………… 165

7.5.1 编码器 ……………………………… 165

7.5.2 译码器 ……………………………… 167

7.5.3 加法器 ……………………………… 170

7.5.4 数据选择器 ………………………… 171

技能训练八 常用集成门电路的功能
测试 …………………………… 172

习题七 ………………………………… 174

第 8 章　时序逻辑电路 ………………… 176

8.1　触发器 ……………………………… 176

　8.1.1　RS 触发器 ……………………… 177

　8.1.2　JK 触发器 ……………………… 180

　8.1.3　D 触发器 ……………………… 182

8.2　寄存器 ……………………………… 183

　8.2.1　数据寄存器 …………………… 183

　8.2.2　移位寄存器 …………………… 184

　8.2.3　集成双向移位寄存器 ………… 185

8.3　计数器 ……………………………… 186

　8.3.1　集成同步加法计数器 ………… 187

　8.3.2　集成异步加法计数器 ………… 188

8.4　555 定时器 ………………………… 189

　8.4.1　555 定时器的结构 …………… 189

　8.4.2　555 定时器的典型应用 ……… 190

技能训练九　触发器电路的功能测试 ……… 192

习题八 ………………………………… 194

附录　部分习题参考答案 ……………… 196

参考文献 ……………………………… 200

第1章 直流电路

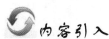 内容引入

当今社会，人们的衣食住行都与电息息相关，如做饭用的电饭煲（见图 1-1a）、洗澡用的电热水器、调节室温用的空调器、出行乘坐的电车等；大型的工程、活动项目更是离不开电，例如，2008 年北京奥运会开幕式（见图 1-1b）、2010 年上海世博会等活动的运行控制都需要电，下面我们来学习电的相关知识。

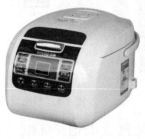

a)   b)

图 1-1 电饭煲和奥运会开幕式

1.1 电路的组成及其作用

1.1.1 电路及其组成

电路（Electric Circuit）是电流的通路，它是由各种电气元件按一定的方式用导线连接组成的总体。电路通常由电源、负载和中间环节三部分组成。

电源是为电路提供电能的元件，如发电机、干电池、蓄电池、稳压电源等，如图 1-2 所示。电源可以将机械能、太阳能等其他形式的能量转换为电能。

负载是使用（消耗）电能的设备及元器件，如电动机、电灯、电热水壶等，如图 1-3 所示。

中间环节包括将电源和负载连成通路的导线、控制电路通断的开关、监测和保护电路的

图1-2　蓄电池及发电机

图1-3　电热水壶和电动机

控制元件及仪器仪表设施等。图1-4为开关与导线。

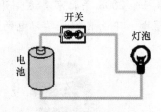

图1-4　开关与导线　　　　　　　　图1-5　照明电路示意图

　　图1-5是最简单的实际照明电路，它由干电池（电源）、灯泡（负载）、开关（控制元件）与导线（连接件）等组成，以实现照明的功用。

1.1.2　电路的作用

　　电路的应用十分广泛，其作用主要有以下两方面：

　　1）实现电能的转换、传输和分配。

　　例如：在电力系统中发电机组将热能、水能、原子能转换成电能，并通过变压器、输电线路将电能传输和配送到用户，然后根据实际需要又将电能转换成机械能、光能和热能等。图1-6为电网电能传输示意图。

　　2）实现信号的传递和处理。

　　图1-7所示是一个扩音机的工作过程示意图，传声器将声音的振动信号转换为电信号（即相应的电压和电流），经过放大器放大处理后，通过电路传递给扬声器，再由扬声器还原为声音。

　　电路是由各种元器件组成的。为了便于对电路进行分析，可将电路实体中的各种电气设备和元器件用一些能够表征它们主要特性的理想元件来代替，而对它们实际的结构、材料、

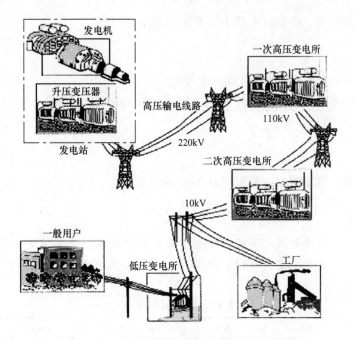

图 1-6 电网电能传输示意图

形状等非电磁特性不予考虑。由理想元件构成的电路称为实际电路的电路模型，也称为实际电路的电路原理图，简称电路图。与图 1-5 所示的照明电路对应的电路原理图如图 1-8 所示。

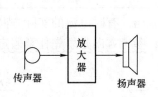

图 1-7 扩音机的工作过程示意图

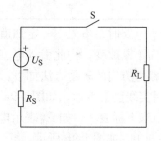

图 1-8 照明电路原理图

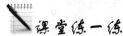

课堂练一练

1. 电路由哪几部分组成？各部分的作用是什么？
2. 电路的作用是什么？

1.2 电路的基本物理量

电路中的基本物理量包括：电流、电压（电位、电动势）和电功率等。

1.2.1 电流

导体中电荷的定向移动形成电流，规定正电荷定向移动的方向为电流的实际方向。表示电流强弱的量叫电流，在大小上等于单位时间内通过导体横截面的电荷量。

不随时间而变的电流称为直流电流（Direct Current，DC），用大写字母 I 表示，它所通

过的路径就是直流电路。在直流电路中，电流的大小可写成

$$I = \frac{Q}{t} \tag{1-1}$$

式中，Q 是在时间 t 内通过导体横截面的电荷量。

大小和方向都随时间变化的电流称为交流电流（Alternating Current，AC），用小写字母 i 表示。电流的大小定义式为

$$i = \frac{\mathrm{d}q}{\mathrm{d}t} \tag{1-2}$$

国际单位制中，电流的单位是安培（A），简称安。

 知识链接

在电力系统中，某些电流可高达几千安，而在电子技术中的电流通常只有千分之几安，因此电流的常用单位还有毫安（mA）、微安（μA）等。常用的 SI（国际单位制）词头见表1-1。

表1-1　常用的 SI 词头

表示的因数	词头	符号	表示的因数	词头	符号
10^{12}	太	T	10^{-12}	皮	p
10^{9}	吉	G	10^{-9}	纳	n
10^{6}	兆	M	10^{-6}	微	μ
10^{3}	千	k	10^{-3}	毫	m

在分析电路时，事先不一定知道电路中电流的实际方向，有时电流的实际方向会随着时间的变化而不断改变，为此引入电流的参考方向的概念，参考方向是事先任意假定的方向。

电流参考方向的表示方法如下：

1）用实线箭头表示，如图 1-9a 所示。

2）用双下标表示，如 I_{AB} 表示电流的参考方向是由 A 指向 B，如图 1-9b 所示。

在进行电路计算时，先任意选定某一方向作为待求电流的参考方向，并根据此方向进行计算，若

a) 箭头表示法　　　　　b) 双下标表示法

图 1-9　电流的参考方向

计算结果为正值，则电流的实际方向与选定正方向相同；若计算结果为负值，则电流的实际方向与选定的方向相反。

 注意

1. 参考方向一经选定，在电路分析和计算过程中，不能随意更改。

2. 所选定的电流参考方向并不一定就是电流的实际方向。

【例1-1】　在图1-10中，已知 $I = -3A$，试问正电荷的移动方向如何？

【解】　因为 $I = -3A$ 为负值，电流的实际方向与箭头方向相反，即由 B 向 A。所以，正电荷的方向是由 B 向 A。

1.2.2　电压、电位及电动势

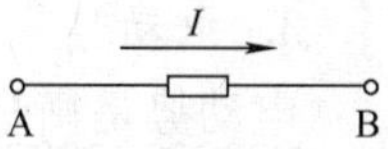

图 1-10　例 1-1 图

1. 电压

电路中 A、B 两点之间的电压 U_{AB} 大小等于电场力移动单位正电荷由 A 点到 B 点所做的功，其表达式为

$$U_{AB} = \frac{W_{AB}}{Q} \qquad (1-3)$$

式中，W_{AB} 为电场力移动正电荷 Q 由 A 点到 B 点所做的功。

电压的实际方向规定由高电位指向低电位。国际单位制中，电压的单位是伏特（V），简称伏。

与电流方向的处理方法类似，可任选一方向为电压的参考方向。电压的参考方向可用箭头、"＋／－"极性及双下标来表示，如图 1-11 所示。

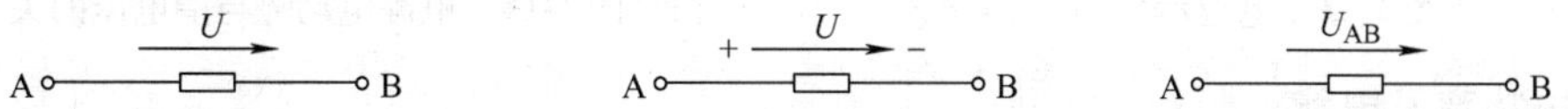

a) 箭头表示法　　　　　b) 极性表示法　　　　　c) 双下标表示法

图 1-11　电压的参考方向

对一段电路或一个元件上电压的参考方向和电流的参考方向可以独立地加以任意选定。如果指定电流从电压"＋"极性的一端流入，从"－"极性的一端流出，即电流的参考方向与电压的参考方向一致，将电流和电压的这种参考方向称为关联参考方向，如图 1-12a 所示。反之，为非关联参考方向，如图 1-12b 所示。

a) 关联参考方向　　　　　　　b) 非关联参考方向

图 1-12　电压、电流参考方向关系

注意

只有在电压、电流参考方向选定之后，电压、电流的正负取值才有意义。电压参考方向的选择是任意的，它与电流参考方向的选择无关。但是为了方便，在分析电路时常常将电流和电压取关联参考方向。

2. 电位

在电路中任选一点为参考点，则某点到参考点的电压就称为这一点的电位，用符号 V 表示，其单位为伏特（V）。参考点在电路中的电位为零，又称为零电位点，工程上常取大地、电气设备的外壳、电路的公共连接点作为参考点，用符号"⊥"表示，如图 1-13 所示。

图 1-13 中，当选择 O 点为参考点时，则

$$V_A = U_{AO} \qquad V_B = U_{BO}$$

电路中 A、B 两点之间的电压 U_{AB} 与这两点电位的关系为

$$U_{AB} = U_{AO} + U_{OB} = U_{AO} - U_{BO} = V_A - V_B$$

所以，两点间的电压也就是它们的电位差。

3. 电动势

电动势是衡量电源将非电能转换为电能的能力大小的物理量，用符号 E 表示，其单位为伏特（V）。电动势的方向规定为在电源内部从负极（低电位）指向正极（高电位），用箭头表示。图1-14中，$U_S = E$。

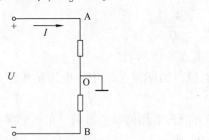

图 1-13　电位示意图　　　　　　图 1-14　电源电动势与端电压的关系

1.2.3　电功率及电能

1. 电功率

电工技术中，单位时间内元件吸收或发出的电能称为电功率，用 P 表示，功率的单位是瓦特（W）。

在电压和电流为关联参考方向下，电功率可用下式求得

$$P = \frac{W}{t} = \frac{UIt}{t} = UI \tag{1-4}$$

在电压和电流为非关联参考方向下，电功率为

$$P = -UI \tag{1-5}$$

若计算得出 $P > 0$，则表示该部分电路吸收或消耗功率；若计算得出 $P < 0$，则表示该部分电路发出或提供功率。

2. 电能

电能定义为功率与时间的乘积。国际单位制中电能的单位是焦耳（J），简称焦。电能可以用电能表来测量。

$$W = UQ = UIt \tag{1-6}$$

实际应用中，电能的常用单位为千瓦小时（kW·h）。1 kW·h 的电能通常称为一度电。一度电为

$$1\ \text{kW} \cdot \text{h} = 1000\text{W} \times 3600\text{s} = 3.6 \times 10^6 \text{J}$$

 课堂练一练

1. 试指出图 1-15 a、b、c 所示各电路中哪端电位高。

图 1-15　题 1 图

2. 试分别求出图 1-16 a、b、c 所示各元件的功率，并判断它是供能元件还是耗能元件。

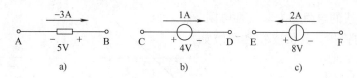

图 1-16 题 2 图

3. 小鸟站在 220V 的输电线上为什么不会被电死？试用电压、电位的概念进行分析。

1.3 电路基本元件

要分析一个电路，必须了解构成这个电路各元件的特性。这里，先介绍直流电路中常见的电阻、电压源和电流源。

1.3.1 电阻

1. 电阻的定义

当电流在导体中流过时，定向运动的自由电子与导体内的原子核发生碰撞而受到阻碍，这种导体对电流的阻碍作用称为电阻，用字母 R 表示，电阻的单位是欧姆（Ω），实物外形如图 1-17a 所示，电路符号如图 1-17b 所示。

a) 实物外形   b) 电路符号

图 1-17 电阻

2. 欧姆定律

德国物理学家欧姆用实验的方法研究了电阻两端电流与电压的关系，并得出结论：流过电阻 R 的电流，与电阻两端的电压成正比，与电阻 R 成反比。这就是电学中最基本的定律——**欧姆定律**。如图 1-18 所示，电压、电流取关联参考方向时，欧姆定律用公式表示为

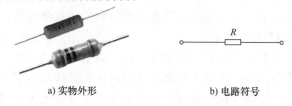

a) 关联参考方向   b) 非关联参考方向

图 1-18 欧姆定律

$$U = IR \qquad (1-7)$$

电压、电流取非关联参考方向时，欧姆定律表示为

$$U = -IR$$

欧姆定律反映了电阻上电压与电流的关系，即电阻的伏安特性。

电阻的倒数称为电导，用字母 G 表示，单位是西门子（S）。

$$G = \frac{1}{R} \qquad (1-8)$$

3. 电阻的伏安特性

表征电阻两端电压与电流之间关系的图形曲线称为电阻的伏安特性曲线。R 为常数的电阻称为线性电阻，其伏安特性曲线为一条通过坐标原点的直线，如图 1-19a 所示。其电压、

电流关系为非直线的电阻称为非线性电阻，如灯泡中常用的钨丝，其伏安特性曲线如图 1-19 b 所示。

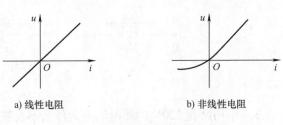

a) 线性电阻　　　　　　b) 非线性电阻

图 1-19　电阻元件的伏安特性曲线

4．电阻的功率

由电功率的计算公式及欧姆定律可得，电阻任一时刻的功率为

$$P = UI = I^2R = \frac{U^2}{R} \qquad (1-9)$$

说明电阻始终在吸收功率，是耗能元件。

知识链接

超　导　现　象

1911 年，荷兰莱顿大学的卡末林·昂内斯意外地发现，将汞冷却到 −268.98℃ 时，汞的电阻突然消失；后来他又发现许多金属和合金都具有与上述汞相类似的低温下失去电阻的特性，由于它的特殊导电性能，卡末林·昂内斯称之为超导态；此温度称为临界温度。根据临界温度的不同，超导材料可以被分为高温超导材料和低温超导材料。卡末林·昂内斯由于他的这一发现获得了 1913 年诺贝尔奖。

超导材料和超导技术有着广阔的应用前景。超导现象中的迈斯纳效应使人们可以用此原理制造超导列车和超导船，由于这些交通工具将在悬浮无摩擦状态下运行，这将大大提高它们的速度和安静性，并有效减少机械磨损。利用超导悬浮可制造无磨损轴承，将轴承转速提高到每分钟 10 万转以上。超导列车已于 20 世纪 70 年代成功地进行了载人可行性试验，1987 年日本开始试运行，但经常出现失效现象，出现这种现象可能是由于高速行驶产生的颠簸造成的。1992 年 1 月 27 日，第一艘由日本船舶和海洋基金会建造的超导船"大和"1 号在日本神户下水试航，目前尚未进入实用化阶段。利用超导材料制造交通工具在技术上还存在一定的障碍，但它势必会引发交通工具革命的一次浪潮。图 1-20 为悬浮中的超导体。

图 1-20　悬浮中的超导体

超导材料的零电阻特性可以用来输电和制造大型磁体。超高压输电会有很大的损耗，而利用超导体则可最大限度地降低损耗，但由于临界温度较高的超导体还未进入实用阶段，从而限制了超导输电的应用。随着技术的发展，新超导材料的不断涌现，超导输电希望能在不

久的将来得以实现。现有的高温超导体还处于必须用液态氮来冷却的状态，但它仍旧被认为是 20 世纪最伟大的发现之一。

1987 年 2 月 24 日，中国科学院物理研究所宣布获得了转变温度为 −173℃的超导材料，使我国对超导体技术的研究处于世界领先水平。目前我国超导临界温度已提高到零下 120℃即 153K 左右。

 动动手

色环电阻的识别

电阻的标注方法主要有以下两种：

① 直标法。它将电阻的类别及主要技术参数直接标注在它的表面上，如图 1-21a 所示。

② 色标法。它将电阻的类别及主要技术参数用颜色（色环或色点）标注在它的表面上，如图 1-21b 所示。

色标法是通过在电阻元件上画有四道或五道色环（分别为四环电阻和五环电阻）来实现电阻标注的。紧靠电阻末端的为第 1 环，然后依次为第 2 环、第 3 环、第 4 环。四环电阻的第 1、2 色环表示阻值的第 1、第 2 位数字，第 3 色环表示前两位数字再乘以 10 的方次，第 4 色环表示阻值的允许误差。

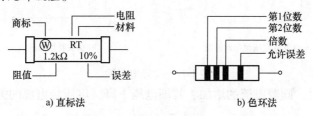

a) 直标法　　　　　　　　　　b) 色环法

图 1-21　电阻规格的表示方法

五环电阻第 1、2、3 色环表示阻值的 3 位数字，第 4 色环表示前 3 位数字再乘以 10 的方次，第 5 色环表示阻值的允许误差。1～4 道（4 色标为 3 道）色环是均匀分布的，另外一道是间隔较远分布的，读取色标应该从均匀分布的那一端开始。也可以从色环颜色断定从电阻的哪一端开始读，最后一环只有三种色。

色环表示法中，每种不同的颜色所对应的数值及误差见表 1-2。

表 1-2　电阻的色环表示对应值

色环颜色	黑	棕	红	橙	黄	绿	蓝	紫	灰	白	金	银	本色
对应数值	0	1	2	3	4	5	6	7	8	9	/	/	/
误差											±5%	±10%	±20%

1.3.2　电压源

电源有两种形式：一种是以输出电压为主要作用的电压源（Voltage Source）；另一种是以输出电流为主要作用的电流源（Current Source）。

两端电压恒定，内部没有损耗的电源称为理想电压源，简称电压源，用 U_S 表示，图形符号如图 1-22a 所示，图 1-22b 是电池的图形符号。电压源的端电压不受负载的影响，其伏安特性曲线平行于 I 轴，如图 1-22c 所示。理想电压源有两个特点：①电压源输出的电压恒

定，由自身决定，与流经它的电流大小、方向无关。②电压源输出的电流由外电路决定。

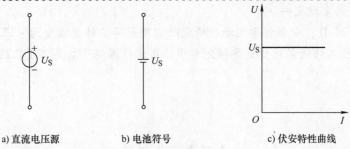

a) 直流电压源 　　　　b) 电池符号 　　　　　　c) 伏安特性曲线

图 1-22 　理想电压源

实际电压源内部具有损耗，可用一个理想电压源 U_S 与内阻 r 串联的模型表示，如图 1-23a所示。

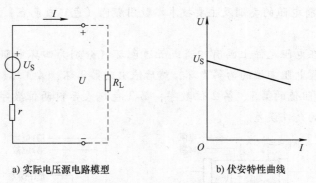

a) 实际电压源电路模型 　　　　　　b) 伏安特性曲线

图 1-23 　实际电压源

当向负载供电时，随着电流的增加，其端电压下降，电压与电流的关系为

$$U = U_S - Ir \tag{1-10}$$

式（1-10）称为实际电压源的伏安特性方程，实际电压源的伏安特性曲线如图 1-23b所示。

 注意

　　应注意防止实际电压源被短路，以免电压 U_S 全部加在较小的内阻 r 上，使很大的电流流过电源，以致损坏电源。

1.3.3　电流源

　　能输出恒定电流、内部没有损耗的电源，称为理想电流源，简称电流源，用 I_S 表示，如图 1-24a 所示。电流源输出的电流不受负载的影响，其伏安特性曲线平行于 U 轴。理想电流源有两个特点：①电流源输出的电流值 I_S 恒定，由自身确定，与其端电压的大小、方向无关。②电流源两端的电压由外电路决定。

　　实际电流源内部具有损耗，可用理想电流源 I_S 与内阻 r 并联的模型来表示。当接上负载时，随着电流的增加，其端电压下降。由于内阻的分流作用，其输出电流 I 与端电压 U 的关系为

$$I = I_S - \frac{U}{r} \tag{1-11}$$

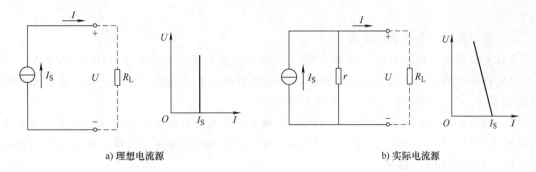

a) 理想电流源   b) 实际电流源

图1-24 电流源

式（1-11）称为实际电流源的伏安特性方程，实际电流源的电路模型及伏安特性曲线如图1-24b所示。

注意

实际电流源是不允许开路的，因为此时电流 I_S 全部流过内阻 r，而一般 r 都是很大的，这就在电源两端形成很高的电压，以致损坏电源。

**动动手**

万用表的使用

万用表是一种可以测量多种电量的多量程便携式仪表，可以用来测量交流电压、直流电压、直流电流和电阻值等，是电工实验与电气维修的常用仪表。现以 DT-830 型数字式万用表为例，介绍其使用方法及使用时的注意事项。DT-830 型数字式万用表面板如图1-25所示。

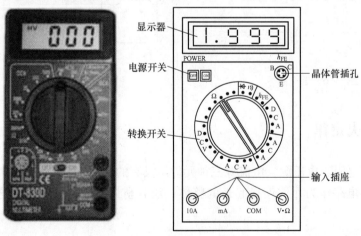

图1-25 DT-830 型数字式万用表

DT-830 型数字式万用表面板上的显示器可显示四位数字，能显示的最大数是1999。DT-830后面3位能显示0~9共十个数字；最前面一位只能显示"1"或不显示数字，故称三位半万用表。最大指示为"1999"或"–1999"。当被测量超过最大指示值时，显示

"1"。

1. 数字式万用表的使用方法

1）电源开关。使用时将电源开关置于"ON"位置；使用完毕置于"OFF"位置。

2）转换开关。用以选择功能和量程。根据被测的电量（电压、电流、电阻等）选择相应的功能位；按被测量的大小选择合适的量程。

3）输入插座。将黑表笔插入"COM"的插座。红表笔有如下三种接法：测量电压和电阻时插入"V·Ω"插座；测量小于200mA的电流时插入"mA"插座；测量大于200mA的电流时插入"10A"插座。

2. 使用万用表时的注意事项

1）使用万用表时，应仔细检查转换开关的位置选择是否正确，若误用电流挡或电阻挡测量电压，则会造成万用表的损坏。

2）不允许带电测量电阻，否则会烧坏万用表。在测量电解电容和晶体管等元器件的电阻时要注意极性。不允许用万用表电阻挡直接测量高灵敏度表头内阻，以免烧坏表头。

3）长时间不使用时，应取出电池，防止电池漏液腐蚀仪表。

4）不准用两只手捏住表笔的金属部分测电阻，否则会将人体电阻并接于被测电阻而引起测量误差。

课堂练一练

1. 试求图1-26a、b、c、d所示各电路中的电流 I 或电压 U。
2. 将图1-27简化为单一电源支路。

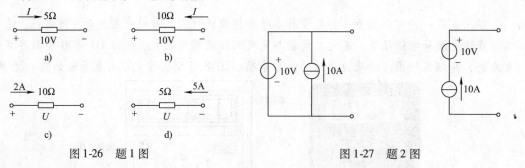

图1-26　题1图　　　　　　　　　　　　　　图1-27　题2图

1.4　基尔霍夫定律

前面学习了电阻、电压源、电流源三种元件所具有的规律，也就是元件对其电压和电流所形成的约束。电路作为元件连接起来的整体，还有整体应服从的规律，这就是基尔霍夫定律。

1.4.1　电路术语

在讲述基尔霍夫定律之前，以图1-28为例，学习几个电路中的名词术语。

1）支路：电路中流过同一电流的每一个分支（至少包含一个元件），称为支路。图1-28中共有三条支路：ACB、ADB、AR_3B。其中ACB、ADB中含有电源，称为有源支路；AR_3B中不含电源，称为无源支路。

2）节点：三条或三条以上支路的连接点称为节点。图 1-28 中共有两个节点：节点 A 和节点 B。

3）回路：电路中任一闭合路径称为回路。图 1-28 中共有三个回路：回路 ADBCA、回路 AR_3BDA、回路 AR_3BCA。

4）网孔：内部不含支路的回路称为网孔。图 1-28 中共有两个网孔：网孔 ADBCA、网孔 AR_3BDA。

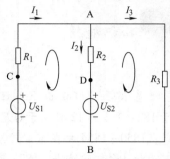

图 1-28 电路举例

1.4.2 基尔霍夫电流定律

基尔霍夫电流定律描述的是电路中任一节点上各支路电流之间的约束关系，缩写为 KCL（Kirchhoff Current Low）。基尔霍夫电流定律指出：任一时刻，流入任一节点的所有电流之和等于从该节点流出的电流之和，其数学形式为

$$\sum I_入 = \sum I_出 \tag{1-12}$$

也可写为

$$\sum I = 0 \tag{1-13}$$

KCL 可理解为任何时刻，对任一节点而言所有支路电流的代数和恒等于零。此时，若流出节点的电流前面取正号，则流入节点的电流前面取负号。

【例 1-2】 图 1-29 所示为某电路的一个节点，已知 $I_1 = 2A$，$I_2 = -4A$，$I_4 = 3A$，求 I_3。

【解】 根据式（1-12）有

$$I_1 + I_2 = I_3 + I_4$$
$$I_3 = I_1 + I_2 - I_4 = 2A + （-4）A - 3A = -5A$$

I_3 为负值，说明 I_3 的实际方向与参考方向相反，是流入节点的。

1.4.3 基尔霍夫电压定律

基尔霍夫电压定律描述的是电路中任一闭合回路内各元件两端电压之间的约束关系，缩写为 KVL（Kirchhoff Voltage Low）。基尔霍夫电压定律指出：任何时刻，任一闭合回路内各段电压的代数和恒等于零，其数学形式为

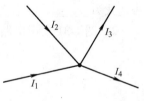

图 1-29 例 1-2 图

$$\sum U = 0 \tag{1-14}$$

列回路电压方程时，首先需要选定一个回路绕行的方向。若电压的参考方向与绕行方向一致，则该电压前面取 " + "；若电压的参考方向与绕行方向相反，则取 " − "。

在图 1-28 中，选定回路 ADBCA、AR_3BDA 的绕行方向均为顺时针方向，电阻的电压参考方向与其电流的参考方向一致（关联参考方向），由式（1-14）可知，其 KVL 方程分别为

$$I_2R_2 + U_{S2} - U_{S1} + I_1R_1 = 0$$
$$I_3R_3 - U_{S2} - I_2R_2 = 0$$

KVL 定律还可推广到非闭合的回路，在图 1-28 中，C、D 间无电路元件，设其电压为 U_{CD}，按 ADCA 的顺时针绕向，其 KVL 方程为

$$I_2R_2 + I_1R_1 - U_{CD} = 0$$

按 DBCD 的顺时针绕向，其 KVL 方程为

$$U_{CD} - U_{S1} + U_{S2} = 0$$

知识链接

基 尔 霍 夫

基尔霍夫（Gustav Robert Kirchhoff, 1824—1887），德国物理学家，如图1-30所示。他于1824年3月12日生于柯尼斯堡；1847年毕业于柯尼斯堡大学；1848年起在柏林大学任教；1850—1854年在布雷斯劳大学任临时教授；1854—1875年任海德堡大学教授；1874年起为柏林科学院院士；1875年重回柏林大学任理论物理学教授直到1887年10月17日在柏林逝世。

1845年，21岁的基尔霍夫发表了第一篇论文，提出了稳恒电路网络中电流、电压、电阻关系的两条电路定律，即著名的基尔霍夫电流定律（KCL）和基尔霍夫电压定律（KVL），解决了电器设计中电路方面的难题。后来又研究了电路中电的流动和分布，从而阐明了电路中两点间的电势差和静电学的电势这两个物理量在量纲和单位上的一致，使基尔霍夫电路定律具有更广泛的意义。直到现在，基尔霍夫定律仍旧是解决复杂电路问题的重要工具。基尔霍夫被称为"电路求解大师"。

图1-30　基尔霍夫

课堂练一练

1. 基尔霍夫定律包括＿＿＿＿定律和＿＿＿＿定律，其中前者描述的对象是＿＿＿，表达式为＿＿＿＿，后者描述的对象是＿＿＿＿，表达式为＿＿＿＿。

2. 图1-31所示电路中，有几个节点？几条支路？几个回路？几个网孔？

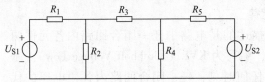

图1-31　题2图

3. 试求图1-32a、b所示各电路中的电流I。

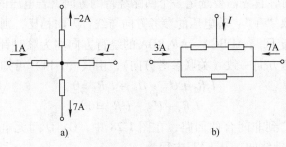

a)　　　　　　　　　b)

图1-32　题3图

1.5　电阻的串联、并联及混联

串联、并联是电气元件常见的连接方式，实际电路中的元件可以串联连接，也可以并联连接，电阻元件的串、并联为最基本的元件连接方式。

1.5.1　电阻的串联

电阻的串联是指将两个或两个以上的电阻依次连接，使电流只有一条通路的连接方式，如图 1-33 所示。

电阻串联电路的特点如下：

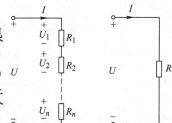

1）电阻串联时流过各电阻的电流相同，电路两端的总电压等于各个电阻两端电压之和，即

$$U = U_1 + U_2 + \cdots + U_n \qquad (1\text{-}15)$$

2）串联的各电阻可以用一个等效电阻表示，其大小等于各串联电阻之和，即

$$R = R_1 + R_2 + \cdots + R_n = \sum_{i=1}^{n} R_i \qquad (1\text{-}16)$$

图 1-33　电阻的串联及等效电路

3）电阻串联时具有分压作用，各电阻上的电压与其阻值成正比，即

$$U_1 : U_2 : \cdots : U_n = R_1 : R_2 : \cdots : R_n \qquad (1\text{-}17)$$

当电路两端的电压一定时，串联的电阻越多，电路中的电流就越小，即电阻串联还具有限流作用。

1.5.2　电阻的并联

电阻的并联是指将两个或两个以上的电阻并列地连接在两点之间，使每个电阻两端都承受同一电压的连接方式，如图 1-34 所示。

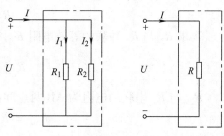

电阻并联电路的特点如下：

1）电阻并联时各电阻两端的电压相同，电路中的总电流等于各个电阻上的电流之和，即

$$I = I_1 + I_2 + \cdots + I_n \qquad (1\text{-}18)$$

图 1-34　电阻的并联及等效电路

2）并联的各电阻可以用一个等效电阻表示，等效电阻的倒数等于各并联电阻倒数之和，即

$$\frac{1}{R} = \frac{1}{R_1} + \frac{1}{R_2} + \cdots + \frac{1}{R_n} = \sum_{i=1}^{n} \frac{1}{R_i} \qquad (1\text{-}19)$$

3）电阻并联时具有分流作用，各电阻上的电流与其阻值成反比。如两个电阻并联，各电阻上分得的电流为

$$\left.\begin{array}{l} I_1 = \dfrac{U}{R_1} = \dfrac{R_2}{R_1 + R_2} I \\[3mm] I_2 = \dfrac{U}{R_2} = \dfrac{R_1}{R_1 + R_2} I \end{array}\right\} \qquad (1\text{-}20)$$

1.5.3　电阻的混联

既有电阻串联又有电阻并联的电路称为电阻混联电路。对于这类电路，可以逐步利用电阻的串联、并联等效化简的办法进行分析，得到混联电路的等效电阻。

【例1-3】　如图 1-35 所示电路，已知电路中的 $R_1 = 3\Omega$，$R_2 = 4\Omega$，$R_3 = R_4 = 2\Omega$，求 A、B 两点间的等效电阻 R_{AB}。

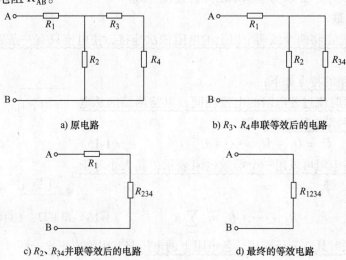

图 1-35　例 1-3 图

【解】　首先求出电阻 R_3 与 R_4 串联后的等效电阻 R_{34} 得

$$R_{34} = R_3 + R_4 = 4\Omega$$

再求 R_{34} 与 R_2 并联的等效电阻 R_{234} 得

$$R_{234} = \frac{R_2 \times R_{34}}{R_2 + R_{34}} = 2\Omega$$

R_{234} 与 R_1 串联的电阻为 AB 两点间的等效电阻 R_{AB}，所以

$$R_{AB} = R_{1234} = R_1 + R_{234} = 5\ \Omega$$

课堂练一练

1. 在图 1-36 所示电路中，已知 $U_{AB} = 6V$，$U = 2V$，则 $R = $ _____ Ω。
2. 在图 1-37 所示电路中，$R = $ _____ Ω。

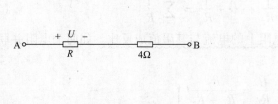

图 1-36　题 1 图

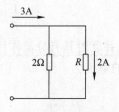

图 1-37　题 2 图

1.6 电气设备的额定值及工作状态

1.6.1 额定值

为了保证元器件能够长期安全地正常工作，各种电气设备的电压、电流、功率等都有一个限定值——额定值。额定值是制造厂家为使电气设备能在给定条件下经济、可靠运行而规定的允许值，常标在设备的铭牌上或写在说明书中，包括额定电压 U_N、额定电流 I_N 和额定功率 P_N 等。

在额定值的情况下，电气设备才能正常工作，这时的电路状态称为额定工作状态。使用电气设备时，必须严格按照额定值来选择相符的工作电压、电流等。如果工作电压远低于设备的额定值，设备往往不能正常工作；反之，如果工作电压远高于设备的额定值，将会损坏设备。应注意，由于电源电压的不稳定等原因，电气设备的实际工作电压、电流及功率不一定就等于额定值，而是接近额定值。

1.6.2 电路的三种工作状态

电路的工作状态有三种：开路、短路和有载工作状态。

1. 开路（断路）

如图 1-38 所示，开关 S 打开，电路中电流 $I=0$，电路处于开路（断路）状态，亦称空载状态。这时电源的端电压称为开路电压或空载电压 U_O，$U_O = U_S$。电路中所有元件的功率之和为 0，即 $\sum P = 0$。

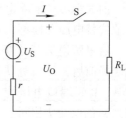

图 1-38 电路的开路状态

有时即使电路开关闭合，电路中仍没有电流，说明电路发生开路故障，如连接导线断开、元件内部开路或连接点接触不良等。

2. 短路

如图 1-39 所示的电路，电源两端因某种原因直接相连，负载的端电压 $U=0$，电路处于短路状态。这时电路中的电流称为短路电流 I_S，且 $I_S = U_S/r$。由于负载功率 $P=0$，所以电源将所有的电功率都提供给它的内阻，即 $P_S = P_r = I^2 r = I_S^2 r$。

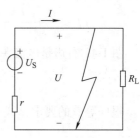

图 1-39 电路的短路状态

由于电源的内阻一般很小，流过电源的短路电流会大大超出其额定电流，以致损坏电源，为了防止短路事故，常在电路中接入熔断器或断路器。

3. 有载工作状态

如图 1-40 所示，当开关 S 闭合，电路中有电流 I，电路处于有载工作状态。根据 KVL 定律，电源的端电压 $U = U_S - Ir$，该式两边同乘以 I，则 $UI = U_S I - I^2 r$，其中，电源产生的电功率 $P_S = U_S I$，电源内阻上消耗的电功率 $P_r = I^2 r$，外电路负载的电功率 $P = UI$，所以电路的功率平衡关系为 $P = P_S - P_r$。

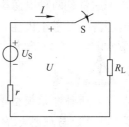

图 1-40 电路的有载工作状态

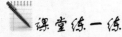

课堂练一练

1. 电路的三种基本工作状态分别是_____、_____、_____，其中可能引发恶性事故的状态是_____。

2. 一额定值为"500Ω、5W"的电阻，其额定电流为多少？其工作电压不应超过多少？

3. 将一个 36V、15W 的灯泡接到 220V 的线路上工作行吗？将 220V、25W 的灯泡接到 110V 的线路上工作行吗？为什么？

1.7 电路分析方法与电路定理

电路分析是指已知电路结构和元件参数，求解电路中的电压、电流和功率。下面讨论几种常见的电路分析方法和定理：电源等效变换法、支路电流法、叠加定理。

1.7.1 电源等效变换法

前面学习了实际电压源模型和电流源模型，在电路分析中，有时要求用电流源模型去等效地代替电压源模型，有时又有相反的要求，即要求两种电源模型进行等效变换。

这里所说的等效变换，是指外部等效，就是变换前后，端口处伏安关系不变。即图1-41中 A、B 间端口电压均为 U，端口处流出（或流入）的电流 I 相同。

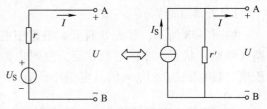

图 1-41 左边是电压源模型，其输出电流为

$$I = \frac{U_S - U}{r} = \frac{U_S}{r} - \frac{U}{r} \qquad (1\text{-}21)$$

图 1-41 右边是电流源模型，其输出电流为

图 1-41 电流源模型与电压源模型的等效变换

$$I = I_S - \frac{U}{r'} \qquad (1\text{-}22)$$

根据等效的要求，式（1-21）和式（1-22）中对应项应该相等，即

$$I_S = \frac{U_S}{r}, \quad r' = r \qquad (1\text{-}23)$$

这就是两种电源模型等效变换条件。变换中两个电源的方向一定要注意，如果 A 点是电压源的参考正极性，变换后电流源的电流参考方向应指向 A。

 注意

两种电源模型等效变换时，应注意以下几点：

1）与理想电压源并联的任何元件对外电路不起作用，等效变换时这些元件可以去掉。

2）与理想电流源串联的任何元件对外电路不起作用，等效变换时这些元件可以去掉。

3）等效变换仅仅是对外电路而言，对于电源内部并不等效。

4）理想电压源的内阻等于零，理想电流源的内阻等于无穷大，所以理想电压源和理想电流源之间不能进行等效变换。

【例 1-4】　化简图 1-42a 所示电路。

【解】　化简过程如图 1-42 所示。

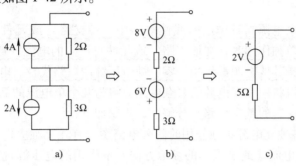

图 1-42　例 1-4 图

1. 7. 2　支路电流法

将 KCL 定律与 KVL 定律相结合可用于求解复杂电路。假设电路中共有 b 条支路、n 个节点时，可列出 $n-1$ 个节点的独立 KCL 方程和 $b-(n-1)$ 个独立的 KVL 方程，这种求解电路的方法称为支路电流法。

支路电流法以各条支路的电流为未知数，根据基尔霍夫定律列写方程求出支路电流。

下面以图 1-43 所示电路为例说明支路电流法的解题方法及步骤。图中电压源 U_{S1}、U_{S2} 和电阻 R_1、R_2、R_3 均是已知的。步骤如下：

1）找出电路中的支路数（b 条）、节点数（n 个），给各支路电流设定参考方向，如图 1-43 所示。

2）根据 KCL，对 $n-1$ 个节点列出节点电流方程。

3）根据 KVL，对 $b-(n-1)$ 个回路分别列出回路电压方程。

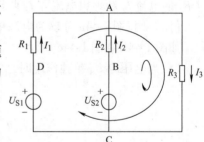

图 1-43　支路电流法示例电路

4）将 2）、3）两步列出的方程联立求解，即可求得各支路电流的值。

【例 1-5】　在图 1-43 中，若 $U_{S1}=120\text{ V}$，$U_{S2}=72\text{V}$，$R_1=2\Omega$，$R_2=3\Omega$，$R_3=6\Omega$，求各支路电流。

【解】　该电路有 3 条支路，2 个节点，即 $b=3$，$n=2$。各支路电流参考方向如图中所示。

对节点 A 列 KCL 方程，有

$$I_1 + I_2 = I_3 \qquad\qquad ①$$

应用 KVL，对其中的 AR_3CBA 回路、AR_3CDA 回路选取顺时针方向，可分别列出其回路电压方程，即

$$I_3R_3 - U_{S2} + I_2R_2 = 0$$

$$I_3R_3 - U_{S1} + I_1R_1 = 0$$

将已知数据代入，即得

$$6I_3 - 72 + 3I_2 = 0 \qquad\qquad ②$$
$$6I_3 - 120 + 2I_1 = 0 \qquad\qquad ③$$

联合①、②、③求解方程组，解得

$$I_1 = 18A, \quad I_2 = -4A, \quad I_3 = 14A$$

1.7.3 叠加定理

叠加定理：<u>在多个电源同时作用的线性电路中，各支路（或元件）的电流（或电压）等于电路中各个电源单独作用时，在该支路（或元件）产生的电流（或电压）的代数和。</u>

<u>电源单独作用是指其他电源都作用为零，即电压源用短路代替、电流源用开路代替。</u>

运用叠加定理可以将一个多电源的复杂电路分解为几个单电源的简单电路，从而使分析得到简化。叠加定理解题的基本思路是分解法，步骤如下：

1）拆——拆成各独立电源单独作用时的分电路图，有几个独立电源就拆成几个图，标出各支路（或元件）电流（或电压）的参考方向。不作用的电压源视为短路，不作用的电流源视为开路。

2）求——求出各分电路图中的各支路（或元件）的电流（或电压）。

3）合——对各分电路图中同一支路（或元件）电流（或电压）进行叠加求出代数和，参考方向与原图中参考方向相同的为正，反之为负。

【例1-6】 如图1-44a所示，已知 $U_S = 10V$，$I_S = 1A$，$R_1 = 10\Omega$，$R_2 = R_3 = 5\Omega$，试求流过 R_2 的电流 I_2 和理想电流源 I_S 两端的电压 U。

【解】 将图1-44a分解为电源单独作用的分电路图，并标注电流 I_2 和电压 U 的参考方向，如图1-44b和图1-44c所示。

1）当电压源 U_S 单独作用时，电路如图1-44b所示。

$$I'_2 = \frac{U_S}{R_2 + R_3} = \frac{10}{10}A = 1A$$

$$U' = I'_2 R_3 = 1 \times 5V = 5V$$

a)

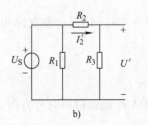

b)

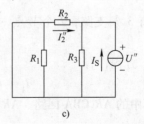

c)

图1-44 例1-6图

2) 当电流源 I_S 单独作用时，电路如图 1-44c 所示，此时 R_2 与 R_3 并联，R_1 被短路。

$$I''_2 = -\frac{R_3}{R_2 + R_3}I_S = -\frac{5}{5 \times 5} \times 1A = -0.5A$$

$$U'' = -I''_2 R_2 = 0.5 \times 5V = 2.5V$$

根据叠加定理得

$$I_2 = I'_2 + I''_2 = (1 - 0.5)A = 0.5A$$

$$U = U' + U'' = (5 + 2.5)V = 7.5V$$

 注意

运用叠加定理时，应注意以下几点：

1) 叠加定理只适用于线性电路，而不适用于非线性电路。

2) 某一电源单独作用其他电源不作用时，凡是电压源，将其用导线代替；凡是电流源，将其开路；并保持电路其他元件不变。

3) 叠加时注意各分电路的电压和电流的参考方向与原电路电压和电流的参考方向是否一致，求其代数和。

4) 叠加定理不能用于计算功率。

课堂练一练

1. 将图 1-45 所示电路化简为最简单的电压源模型或电流源模型。

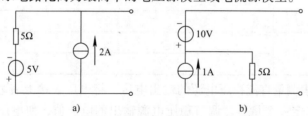

a)   b)

图 1-45 题 1 图

2. 图 1-46 中，已知 $I_{S1} = 2A$，$I_{S2} = 4A$，$R = 2\Omega$，试用叠加定理求各支路电流。

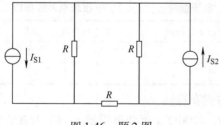

图 1-46 题 2 图

技能训练一　电路元件伏安特性的测量

一、训练目的

1. 熟悉指针式仪表表盘上主要标记的意义。

2．掌握仪表量程的选择方法与数据的读取方法。

3．会正确使用直流稳压电源，熟练调节其输出电压值。

4．通过测量电阻的伏安特性，熟悉仪表、电源的使用方法。

二、训练所用仪器与设备

1．电工技术技能训练台　　　　　　　　　　　　　　　　　　　　1 台

2．直流稳压电源　　　　　　　　　　　　　　　　　　　　　　　1 台

3．直流电压表　　　　　　　　　　　　　　　　　　　　　　　　1 只

4．直流电流表　　　　　　　　　　　　　　　　　　　　　　　　1 只

5．交流电压表　　　　　　　　　　　　　　　　　　　　　　　　1 只

6．交流电流表　　　　　　　　　　　　　　　　　　　　　　　　1 只

三、训练内容与步骤

1）分别观察交、直流电压表，交、直流电流表的表盘标记与型号，并将它们的标记与型号记录在表 1-3 中。

表 1-3　仪表表盘标记与型号

仪 表 名 称	表盘标记和型号	标记和型号的意义

2）用直流电压表测量直流稳压电源的输出电压：将电压表接上表笔，根据直流稳压电源的最大输出电压选定一个量程。调节稳压电源输出的电压值，使电压表指针分别偏转在 1/3 量程以下和 2/3 量程以上以及 1/3~2/3 量程之间，各读取两个不同的电压值，填入表 1-4 中，同时将电压表的准确度等级和选定的量程也记录下来。

表 1-4　电压量程_____/电压表准确度等级_____

	1/3 量程以下的读数		2/3 量程以上的读数		1/3~2/3 量程的读数	
测量次数	1	2	1	2	1	2
被测电压值						

3）测量线性电阻元件的伏安特性。

① 按图 1-47 接线，取 $R_L = 200\Omega$（可变电阻器），U_S 为直流稳压电源的输出电压，先将稳压电源输出电压旋钮置于零位。

② 闭合直流稳压电源开关，调节稳压电源输出电压旋钮，使电压 U 分别为 0V、5V、10V、15V、20V、25V、30V（以电路中所接电压表的指示值为准），测量对应的电流值，数据记入表 1-5 中。然后断开电源，稳压电源输出电压旋钮置于零位。

4）测量非线性电阻元件的伏安特性。

① 按图 1-48 接线，本次训练所用的非线性电阻元件为 36V 白炽灯。

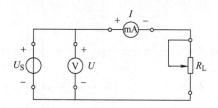

图 1-47 线性电阻元件的连接电路

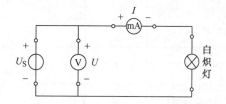

图 1-48 非线性电阻元件的连接电路

表 1-5 电阻伏安特性验证表

线性电阻	U							
	I							
	$R = U/I$							
非线性电阻	U							
（白炽灯）	I							
	$R = U/I$							

② 闭合直流稳压电源开关，调节稳压电源输出电压旋钮，使其输出电压分别 0V、5V、10V、15V、20V、25V、30V，测量对应的电流值，记入表 1-5 中。然后断开电源，稳压电源输出电压旋钮置于零位。

5）测量理想直流电压源的伏安特性。

① 按图 1-49 接线，将直流稳压电源视作理想直流电压源，取 $R = 100\Omega$，可变电阻器 R_P 置于最大电阻位置。

② 闭合直流稳压电源开关，稳压电源的输出电压调节为 $U_S = 12V$，改变可变电阻器 R_P 的值，使电路中电流 I 分别为 45mA、50mA、55mA、60mA、65mA、70mA，测量对应的理想电压源端电压 U，记入表 1-6 中。

6）测量实际直流电压源的伏安特性。

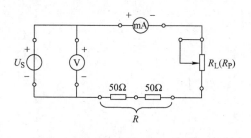

图 1-49 理想电压源的连接电路

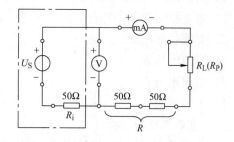

图 1-50 实际电压源的连接电路

① 按图 1-50 接线，将直流稳压电源 U_S 与电阻 R_i（取 50Ω）串联来模拟实际直流电压源，如图中点画线框内所示，取 $R = 100\Omega$，可变电阻器 R_P 置于最大值。

② 闭合直流稳压电源开关，稳压电源输出电压调节为 $U_S = 12V$，改变可变电阻器 R_P 的值，使电路中电流分别为 45mA、50mA、55mA、60mA、65mA、70mA，测量对应的实际电压源端电压 U，记入表 1-6 中。

表 1-6　电压源伏安特性验证表

电源　＼　电流	I					
理想电压源	U					
实际电压源	U					

将数据交指导教师审阅后，拆除线路，整理仪器和设备。

四、训练报告

1）在直角坐标系上，绘出线性电阻和非线性电阻的伏安特性曲线。

2）在直角坐标系中，绘制出实际电压源的伏安特性曲线。

3）利用本次训练中实际电压源的伏安特性曲线，求出电压源的内阻值。

五、注意事项

1）电流表应串联在被测电流支路中，电压表应并联在被测电压两端，要注意直流仪表"＋""－"端子的接线，并选取适当的量程。

2）直流稳压电源的输出端不能短路。

技能训练二　基尔霍夫定律和叠加定理验证

一、训练目的

1. 通过操作加深理解基尔霍夫电压、电流定律和叠加定理，巩固有关的理论知识。

2. 加深理解电流和电压参考方向的概念。

3. 学习对复杂电路进行测试，进一步熟悉直流电流表、直流电压表及直流稳压电源的使用方法。

二、训练所用仪器与设备

1. 电工技术技能训练台	1 台
2. 直流稳压电源	1 台
3. 直流电压表	1 只
4. 直流电流表	1 只
5. 电流插头	1 只

三、训练内容与步骤

1）按图 1-51 接线。取稳压电源电压 $U_{S1} = 10V$，$U_{S2} = 15V$；电阻 $R_1 = 100\Omega$，$R_2 = 120\Omega$，$R_3 = 80\Omega$。

2）当两电源共同作用时，测量各电流和电压值。

测量前估算电路中的电流值和电压值，确定直流电流表和直流电压表的量程和接入电路的极性。将开关 S_1 扳向"①"，接通电源 U_{S1}，开关 S_2 扳向"③"，接通电源 U_{S2}。分别测量电流 I_1、I_2、I_3；电压 U_1、U_2、U_3，根据图 1-51 电路中各电流和电压的参考方向，确定被测电流和电压的正负号后，将数据记入表 1-7 中。

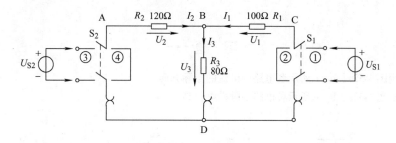

图 1-51 基尔霍夫定律及叠加定理验证电路图

表 1-7 U_{S1} 和 U_{S2} 共同作用测量数据

电 源	电流			电压					验证 KCL	验证 KVL	
U_{S1} 和 U_{S2} 共同作用	I_1	I_2	I_3	U_{S1}	U_{S2}	U_1	U_2	U_3	节点 B $\sum I = ?$	回路 ABDA $\sum U = ?$	回路 BCDB $\sum U = ?$

3）电源 U_{S1} 单独作用时，测量各电流和电压的值。

将开关 S_1 扳向"①"，接通电源 U_{S1}；将开关 S_2 合向"④"，电源 U_{S2} 不作用。分别测量电流 I'_1、I'_2、I'_3 和电压 U'_1、U'_2、U'_3，根据图 1-51 中各电流和电压的参考方向，确定被测电流和电压的正负号后，将数据记入表 1-8 中。

4）电源 U_{S2} 单独作用时，测量各电流和电压值。

将开关 S_1 扳向"②"，U_{S1} 不作用；开关 S_2 合向"③"，接通电源 U_{S2}。分别测量电流 I''_1、I''_2、I''_3 和电压 U''_1、U''_2、U''_3，根据图 1-51 中各电流和电压的参考方向，确定被测电流和电压的正负号后，记入表 1-8 中。

表 1-8 U_{S1} 和 U_{S2} 分别单独作用测量数据

电 源	电 流			电 压		
U_{S1} 单独作用	I'_1	I'_2	I'_3	U'_1	U'_2	U'_3
U_{S2} 单独作用	I''_1	I''_2	I''_3	U''_1	U''_2	U''_3
验 证 叠加定理	$I_1 = I'_1 + I''_1$	$I_2 = I'_2 + I''_2$	$I_3 = I'_3 + I''_3$	$U_1 = U'_1 + U''_1$	$U_2 = U'_2 + U''_2$	$U_3 = U'_3 + U''_3$

数据经指导教师审阅后，切断电源，拆除连线，整理仪器和设备。

四、训练报告

1）表 1-7 的测量结果是否符合基尔霍夫定律？

2）表 1-8 数据是否符合叠加定理？

五、注意事项

1）接线线路中电压源 U_S 不作用，是指 U_S 处用短路线代替，而不是将 U_S 本身短路。

2）要根据图 1-51 中各电流和电压的参考方向，确定被测数值的正负。

3）操作中每测完一组数据后，要用基尔霍夫电压定律、电流定律验证正确后，再测下一组数据。

习 题 一

1-1　试说明图 1-52a、b、c 所示各电路中电流的实际方向。

1-2　试指出图 1-53a、b、c 所示各电路中哪端电位高。

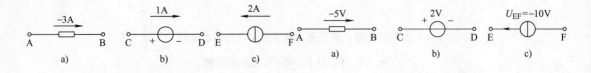

图 1-52　习题 1-1 图　　　　　　　　　　　　图 1-53　习题 1-2 图

1-3　试求图 1-54a、b、c、d 所示各电路中的电流 I 或电压 U。

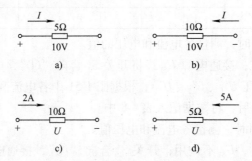

图 1-54　习题 1-3 图

1-4　试分别求图 1-55 所示电路在开关 S 打开与闭合情况下各电表的读数。

1-5　试分别求出图 1-56a、b、c 所示各元件的功率，并判断它是供能元件还是耗能元件。

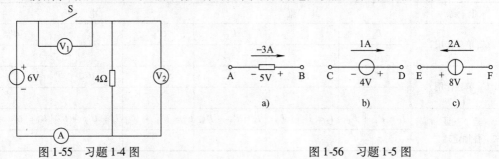

图 1-55　习题 1-4 图　　　　　　　　　　　　图 1-56　习题 1-5 图

1-6　试求图 1-57a、b 所示电路中的电压 U。

1-7　试分别求图 1-58a、b 所示电路中各元件的功率，并校验整个电路的功率是否平衡。

1-8　电路如图 1-59 所示，求 a、b 两点间的电压。

1-9　试求图 1-60 A、B 中无源二端网络的等效电阻 R_{AB}。

1-10　已知一电烙铁铭牌上标有"25W，220V"，问电烙铁的额定工作电流为多少？其等效电阻为多少？

1-11　如图 1-61 所示电路，求电流 I 与电压 U。

1-12　求图 1-62 所示电路中各支路电流 I_1、I_2 与 I_3。

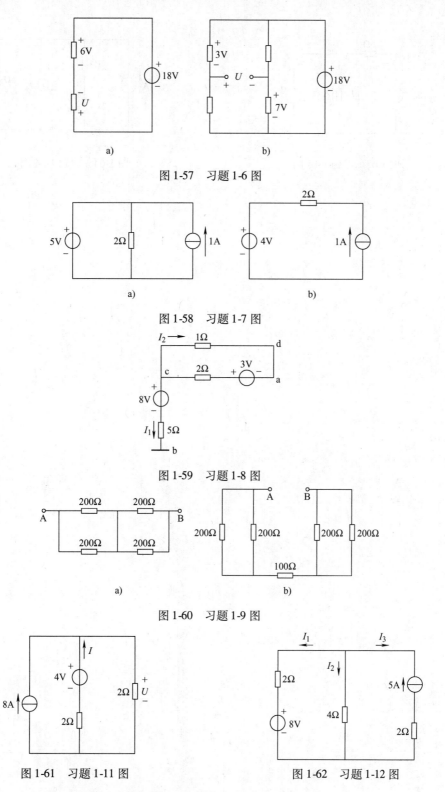

图 1-57　习题 1-6 图

图 1-58　习题 1-7 图

图 1-59　习题 1-8 图

图 1-60　习题 1-9 图

图 1-61　习题 1-11 图　　　　　　图 1-62　习题 1-12 图

1-13　用电压源与电流源等效变换的方法，求图 1-63 所示电路中的电流 I。

1-14　电路如图 1-64 所示，试利用叠加定理求电压 U。

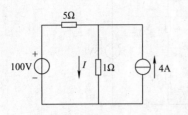

图 1-63 习题 1-13 图

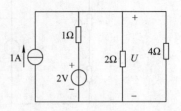

图 1-64 习题 1-14 图

第2章 正弦交流电路

学习目标

◇掌握正弦量的三要素、正弦量的相量表示法。

◇掌握电阻元件、电感元件、电容元件的电压与电流相量关系。

◇掌握正弦交流电路的分析计算。

◇了解提高功率因数的意义和方法。

◇掌握三相电源的特点。

◇掌握三相对称负载在星形联结和三角形联结方式下的分析计算。

◇ 掌握三相功率的分析计算。

◇了解安全用电基本知识。

内容引入

日常生活用电和工业用电都是正弦交流电。正弦交流电主要由发电厂提供，主要有火力发电、水力发电、核能发电、风力与太阳能发电等形式，如图2-1所示。

a) 火力发电

b) 水力发电

c) 核能发电

d) 风力与太阳能发电

图2-1 主要发电种类

交流电的产生与使用都比较方便，而且在输电过程中升降压容易；交流电动机比直流电动机结构简单、价格低、坚固耐用、使用和维护方便，所以交流电得到广泛应用。

2.1　正弦交流电路的基本概念

交流电是指大小和方向随时间作周期性交替变化的电动势、电压和电流。按正弦规律变化的交流电称为正弦交流电，而正弦电流、电压及电动势常统称为正弦量。

随时间变化的电流、电压、电动势在任一瞬时的值称为瞬时值，用小写字母 i、u、e 表示。一个正弦交流电压的表达式为

$$u = U_\mathrm{m}\sin(\omega t + \psi_u) \tag{2-1}$$

可见确定一个正弦量，必须确定解析式中的物理量 ω、U_m 及 ψ_u，这就是正弦量的三要素——角频率（频率）、幅值及初相位。

正弦量也可用图 2-2 所示的正弦波形来表示。

2.1.1　周期、频率、角频率

周期、频率与角频率都是表征正弦量变化快慢的物理量。

周期是指正弦量完整变化一次所需要的时间，用字母 T 表示，其单位为秒（s）。周期越长，表明交流电变化得越慢。

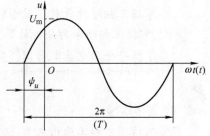

图 2-2　正弦交流电波形图

单位时间内正弦量完成周期性变化的次数称为频率，用 f 表示，单位为赫兹（Hz）。频率越高，表明交流电变化得越快。

频率 f 和周期 T 之间互为倒数关系，即

$$f = \frac{1}{T} \tag{2-2}$$

正弦量在单位时间内变化的电角度称为角频率，用 ω 表示，单位是弧度/秒（rad/s）。在一个周期 T 内，正弦量变化的角度为 2π 弧度，所以正弦量的角频率 ω、周期 T 和频率 f 之间的关系为

$$\omega = \frac{2\pi}{T} = 2\pi f \tag{2-3}$$

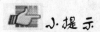 小提示

我国和世界上大多数国家电力工业的标准频率（即工频）为 50Hz，少数国家（如美国、日本等）采用 60Hz。除工频以外，生活中还有不少我们熟悉的信号频率。声音的频率为 20 ~ 20000 Hz，无线电广播中波段的信号频率为 525 ~ 1605 kHz，电视用的频率以 MHz 计。

2.1.2　幅值、有效值

正弦量瞬时值中的最大值，称为幅值，用变量符号加下角标 m 表示，如 I_m、U_m 分别代表正弦电流和电压的幅值。

工程上常用的是有效值,设一个交流电流 i 通过电阻 R,在一周期内产生的热量与一个直流电流 I 通过同一电阻在相同时间内产生的热量相等,这个直流电流 I 称为该交流电流 i 的有效值。交流电流、电压、电动势的有效值用大写字母 I、U、E 来表示。

根据数学推导,正弦电压和正弦电流的有效值与最大值的关系为

$$I = \frac{I_{\mathrm{m}}}{\sqrt{2}} = 0.707 I_{\mathrm{m}} \tag{2-4}$$

$$U = \frac{U_{\mathrm{m}}}{\sqrt{2}} = 0.707 U_{\mathrm{m}} \tag{2-5}$$

小提示

在工程上,一般交流电的大小都是指有效值。例如,交流测量仪器仪表上的读数,电气设备铭牌上的额定电流、额定电压都是有效值。但是各种电子元器件和电气设备的绝缘要求,则是按照最大值来衡量的。

2.1.3 相位、初相位、相位差

式 (2-1) 中,$(\omega t + \psi_u)$ 称为正弦量的相位,不同的相位对应着不同的瞬时值。$t = 0$ 时的相位为 ψ_u,称为初相位。初相位是描述正弦交流电初始状态的参数。初相位的大小与计时起点的选择有关,计时起点选择不同,正弦量的初相位就不同。如图 2-3 所示,计时起点取在 A 处,电压的初相位 $\psi_u = 0°$;计时起点取在 B 处,电压的初相位 $\psi_u = 90°$。习惯上常取初相位的绝对值小于 π。初相位的单位是"弧度"(rad),但为了方便有时也用"度"(°)表示。

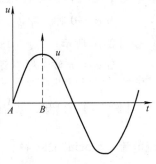

图 2-3　正弦电压的初相位

两个同频率正弦量的相位之差,称为相位差。例如,i 和 u 为两个同频率正弦量,有

$$i = I_{\mathrm{m}} \sin(\omega t + \psi_i)$$

$$u = U_{\mathrm{m}} \sin(\omega t + \psi_u)$$

i 和 u 的相位差为

$$\varphi = (\omega t + \psi_i) - (\omega t + \psi_u) = \psi_i - \psi_u \tag{2-6}$$

从式 (2-6) 可以看出,两个同频率正弦量的相位差只取决于它们的初相位之差,与时间无关。两个同频率的正弦量如 i_1 和 i_2 的相位差波形图如图 2-4 所示。

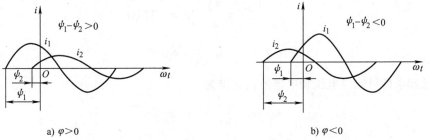

a) $\varphi > 0$　　　　　　　　　　　　　　b) $\varphi < 0$

图 2-4　同频率正弦量的相位差

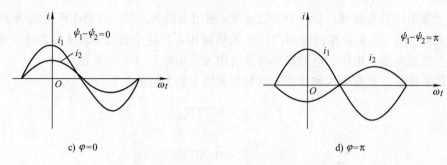

c) $\varphi=0$ 　　　　　　　　　　d) $\varphi=\pi$

图 2-4　同频率正弦量的相位差（续）

 归纳

当 $\varphi > 0$ 时，则 i_1 超前 i_2 一个角度 φ，如图 2-4 a 所示。

当 $\varphi < 0$ 时，则 i_1 滞后 i_2 一个角度 φ，如图 2-4 b 所示。超前与滞后是相对的，i_1 滞后 i_2，也可以说是 i_2 超前 i_1。

当 $\varphi = 0$ 时，即 $\psi_1 = \psi_2$，则两者同时达到最大值、最小值和零值，就称二者同相，如图 2-4c 所示。

当 $\varphi = \pi$ 时，即二者变化趋势相反，就称二者反相，如图 2-4 d 所示。

【例 2-1】　已知，某电路中加有正弦交流电压 $u = 311\sin\left(628t - \dfrac{\pi}{4}\right)$ V 后，得到正弦交流电流 $i = 5\sin\left(628t + \dfrac{\pi}{3}\right)$ A，求电压和电流的有效值、频率、周期，比较它们之间的相位关系。

【解】　由于 u 和 i 为正弦交流电，根据式（2-4）和式（2-5）可知电压、电流的有效值为

$$U = \frac{U_m}{\sqrt{2}} = \frac{311}{\sqrt{2}}\,V = 220V$$

$$I = \frac{I_m}{\sqrt{2}} = \frac{5}{\sqrt{2}}\,A = 3.54A$$

从已知条件可知，电压和电流为同频率的正弦量，其频率 f、周期 T 为

$$f = \frac{\omega}{2\pi} = \frac{628}{2\pi}\,Hz = 100\ Hz$$

$$T = \frac{1}{f} = \frac{1}{100}\,s = 0.01s$$

由已知条件可知，电压和电流的初相位为

$$\psi_u = -\frac{\pi}{4} \qquad \psi_i = \frac{\pi}{3}$$

电压与电流的相位差为　　　$\varphi = \psi_u - \psi_i = \left(-\dfrac{\pi}{4}\right) - \dfrac{\pi}{3} = -\dfrac{7}{12}\pi < 0$

所以电压滞后电流 $\dfrac{7}{12}\pi$。

课堂练一练

1. 已知流过某个电阻元件的电流 $i = 10\sqrt{2}\sin(628t + 45°)$ A，则

1）$I_{\mathrm{m}} = $ _____，$I = $ _____，$\psi = $ _____；

2）$\omega = $ _____，$f = $ _____，$T = $ _____；

3）当 $t = 10\mathrm{ms}$ 时，$i = $ _____。

2. 已知两正弦量 $u_1 = 60\sin\left(628t + \dfrac{\pi}{2}\right)$ V，$u_2 = 80\sin\left(628t - \dfrac{\pi}{3}\right)$ V，求它们各自的频率和初相位，指出两个正弦量的相位关系。

2.2　正弦量的相量表示法

正弦量可以用数学表达式表示，也可以用波形图来表示。但是，对同频率的交流电路的分析和计算来说，这两种方法显得非常繁琐，因而引入正弦量的相量表示法，目的是简化交流电路的分析运算。

相量表示法的基础是复数，所以这里先扼要介绍复数及其运算特点。

2.2.1　复数及运算

图 2-5 所示复平面中，A 为复数。横轴为实轴，单位是 $+1$，a 是 A 的实部。纵轴为虚轴，单位是 j，b 是 A 的虚部，在数学中虚轴的单位用 i 表示，电工技术中为了与电流的符号 i 相区别而用 j 表示。A 与实轴正半轴的夹角 θ 称为辐角，r 为复数的模。

复数的表示有代数形式（$A = a + \mathrm{j}b$）、三角形式（$A = r\cos\theta + \mathrm{j}r\sin\theta$）、指数形式（$A = r\mathrm{e}^{\mathrm{j}\theta}$）和极坐标形式（$A = r\underline{/\theta}$）共四种。在正弦交流电路分析与计算时，常用代数形式和极坐标形式。它们之间的关系如下：

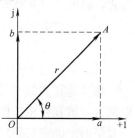

图 2-5　复平面上的相量表示

$$A = a + \mathrm{j}b \quad \text{其中} \begin{cases} a = r\cos\theta \\ b = r\sin\theta \end{cases}$$

$$A = r\underline{/\theta} \quad \text{其中} \; r = \sqrt{a^2 + b^2}$$

$$\theta = \arctan\dfrac{b}{a}(\theta \leqslant 2\pi)$$

复数可以很方便地进行四则运算，设有两个复数

$$A_1 = a_1 + \mathrm{j}b_1 = r_1\underline{/\theta_1}$$

$$A_2 = a_2 + \mathrm{j}b_2 = r_2\underline{/\theta_2}$$

加减运算为

$$A_1 \pm A_2 = (a_1 \pm a_2) + \mathrm{j}(b_1 \pm b_2)$$

归纳

复数的加减运算用其代数形式，运算时实部和虚部分别相加或相减。

乘除运算为

$$A_1 \times A_2 = r_1 \underline{/\theta_1} \times r_2 \underline{/\theta_2} = r_1 r_2 \underline{/(\theta_1 + \theta_2)}$$

$$\frac{A_1}{A_2} = \frac{r_1 \underline{/\theta_1}}{r_2 \underline{/\theta_2}} = \frac{r_1}{r_2} \underline{/(\theta_1 - \theta_2)}$$

归纳

复数的乘除运算，用极坐标形式比较方便。两个复数相乘（除）时，模相乘（除），辐角相加（减）。

2.2.2 复数的相量表示

在电工技术中，将与正弦量对应的复数称为相量，用大写字母上面加小圆点“·”表示。由于正弦量的大小有幅值和有效值两种表示方式，所以与正弦量对应的相量也就有两种形式：幅值相量和有效值相量。这里主要讨论有效值相量。

对于正弦电压 $u = U_{\mathrm{m}}\sin(\omega t + \psi_u)$，其相量为

$$\dot{U} = \frac{U_{\mathrm{m}}}{\sqrt{2}} \underline{/\psi_u} = U \underline{/\psi_u}$$

相量运算类似于复数运算，但是，相量表达式中只含正弦交流电的有效值和初相位两个要素，若需分析两个以上的正弦量并在同一复平面中确定它们之间的关系，其前提是这些正弦量必须是同频率的。只有同频率的正弦量才能进行相量运算。

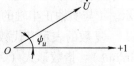

图 2-6 正弦量的相量图

相量在复平面上的几何图形称为相量图，如图 2-6 所示。同频率的正弦量，由于它们之间相位差不变，因而可以将它们的相量画在同一个相量图上。不同频率的正弦量，用相量表示时，不能画在同一相量图上。

注意

正弦量是时间的正弦函数，而相量是一种复数。相量仅用来表示正弦量，其本身并不等于正弦量，即瞬时值符号 i 与相量 $\dot{I}$ 不能画等号，同样相量 $\dot{I}$ 与其有效值 I 也不相等。

【例 2-2】 试写出下列正弦量的相量形式并做出相量图。

$$i_1 = 5\sqrt{2}\sin(314t + 30°)\ \mathrm{A}$$

$$i_2 = 10\sqrt{2}\sin(314t - 45°)\ \mathrm{A}$$

【解】 正弦量对应的相量为

$$\dot{I}_1 = 5\underline{/30°}\ A$$

$$\dot{I}_2 = 10\underline{/-45°}\ A$$

相量图如图 2-7 所示。

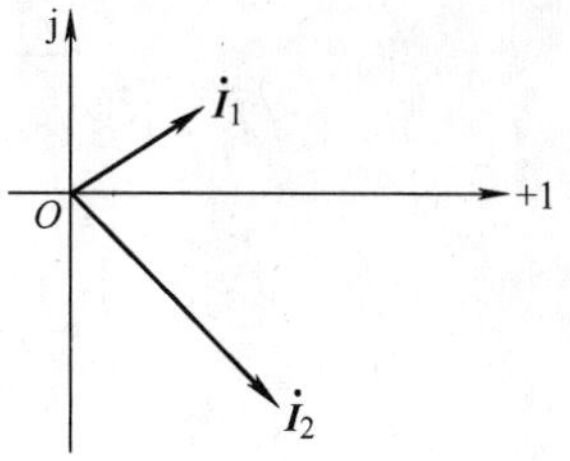

图 2-7　例 2-2 相量图

课堂练一练

1. 试写出下列正弦量所对应的相量。

1）$i = 220\sqrt{2}\sin(\omega t + 75°)$ A

2）$u = 50\sin(314t + \pi/3)$ V

2. 试写出下列相量所对应的正弦量（频率 $f = 50\text{Hz}$）。

1）$\dot{I} = 10\underline{/5\pi}\ A$　　　　2）$\dot{U} = 127\underline{/60°}\ V$

3. 试指出下列各式的错误。

1）$I = 5\sqrt{2}\sin(\omega t + 45°)$ A $= 5\underline{/45°}\ A$　　2）$u = 110\sin(942t)$ V $= 110\underline{/0°}\ V$

2.3　正弦交流电路中的电路元件

在许多电子产品、电子线路和各种电路中都大量使用电阻器、电感器和电容器。掌握电阻元件、电感元件、电容元件在正弦交流电路中的电压与电流关系、功率关系是分析复杂交流电路的基础。

2.3.1　正弦交流电路中的电阻元件

1. 电压与电流的相量关系

如图 2-8a 所示，通过线性电阻 R 的正弦交流电流为 i，在电阻两端产生电压 u。为了便于分析，取电阻 R 上电流、电压的参考方向为关联参考方向。假设

$$i = I\sqrt{2}\sin\omega t \xrightarrow{\ \text{表示为相量}\ } \dot{I} = I\underline{/0°}$$

由欧姆定律 $u = iR$ 可得

$$u = IR\sqrt{2}\sin\omega t = U\sqrt{2}\sin\omega t \xrightarrow{\ \text{表示为相量}\ } \dot{U} = \dot{I}R = U\underline{/0°}$$

电阻两端电压与电流为同频率的正弦量，此时电流、电压的波形图和相量图分别如图 2-8b、c 所示。

电阻元件两端电压、电流关系的相量形式为

$$\dot{U} = R\dot{I} \tag{2-7}$$

式（2-7）就是电阻电路中欧姆定律的相量表达式。该相量表达式包含了电阻元件电压、电流相位和大小的关系。

1）大小关系为

$$U = IR$$

2）相位关系为

$\psi_u = \psi_i$，即电阻元件中的电压与电流同频率、同相位。

2. 电阻元件的功率

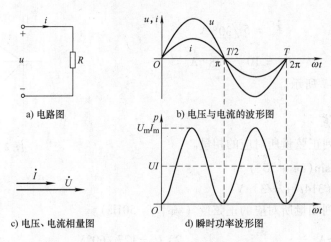

a) 电路图

b) 电压与电流的波形图

c) 电压、电流相量图

d) 瞬时功率波形图

图 2-8　电阻元件的正弦交流电路

电阻元件通入正弦电流后，电阻上消耗的功率也是随时间而变化的，称为瞬时功率，用小写字母 p 表示。

$$p = ui = \sqrt{2}U\sin\omega t \cdot \sqrt{2}I\sin\omega t = UI(1 - \cos2\omega t) \tag{2-8}$$

瞬时功率波形如图 2-8d 所示，由瞬时功率波形图或式（2-8）可见，功率虽然随时间变化，但其始终为正。在工程中，将瞬时功率一个周期内的平均值，称为平均功率，又称为有功功率，简称功率，用大写字母 P 表示，单位为瓦特（W），简称瓦。

经计算，电阻元件的平均功率为

$$P = UI = RI^2 = \frac{U^2}{R} \tag{2-9}$$

> **小提示**
>
> 在生活中瞬时功率的实用价值不大，平时所说的功率指的是平均功率，其单位为瓦（W）。例如说功率为 100W 的白炽灯，就是指在额定工作时白炽灯消耗的平均功率是 100W。电路实际消耗的电能等于平均功率乘以通电时间。

2.3.2　正弦交流电路中的电感元件

1. 电感元件

电感元件是一种储能元件，工程技术中使用的电感元件是用导线绕制成的线圈，其实物图如图 2-9a 所示，其电路符号如图 2-9b 所示。

当电流 i 流过电感元件时，在元件内部将产生磁通 Φ，若磁通 Φ 与线圈的 N 匝都交链，则磁链 $\Psi = N\Phi$，Ψ 与 Φ 都是由电感元件的电流所产生的，且与电流成正比，即

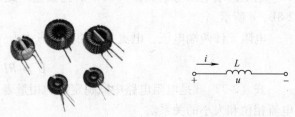

a) 电感实物图　　　　　b) 电感元件电路符号

图 2-9　电感元件实物及符号

$$\Psi = Li \tag{2-10}$$

式中，L 称为元件的自感或电感，其单位是亨利（H）。

根据电磁感应定律，当电感元件中电流随时间变化时，磁链也随之改变，元件两端产生感应电压，此感应电压与磁链的变化率成正比。在电压和电流为关联参考方向下，感应电压为

$$u = \frac{\mathrm{d}\varPsi}{\mathrm{d}t} = L\frac{\mathrm{d}i}{\mathrm{d}t} \tag{2-11}$$

式中，L 的单位为 H；i 的单位为 A；t 的单位为 s；u 的单位为 V。

当电感元件通过直流电流时，电感元件两端电压 $u_L = 0$，这时电感元件相当于短接线，所以在直流电路中电感相当于导线。

2. 电压与电流的相量关系

如图 2-10a 所示，在一个电感元件上加一正弦交流电流 i，设电流

$$i = \sqrt{2}I\sin\omega t \xrightarrow{\text{表示为相量}} \dot{I} = I\underline{/0^\circ}$$

则电感元件的电压为

$$u = L\frac{\mathrm{d}i}{\mathrm{d}t} = \omega LI_\mathrm{m}\cos\omega t = U_\mathrm{m}\sin(\omega t + 90^\circ) \xrightarrow{\text{表示为相量}} \dot{U} = \mathrm{j}\omega L\dot{I} = U\underline{/90^\circ}$$

电感元件两端的电压与电流为同频率的正弦量，电流、电压的波形图和相量图如图 2-10b、c 所示。

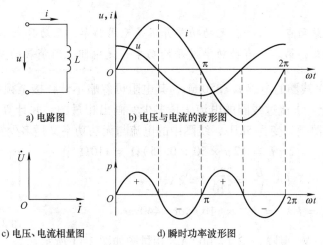

a) 电路图　　b) 电压与电流的波形图

c) 电压、电流相量图　　d) 瞬时功率波形图

图 2-10　电感元件的正弦交流电路

由此可以得到电感元件 L 两端的电压、电流关系的相量形式为

$$\dot{U} = \mathrm{j}\omega L\dot{I} = \mathrm{j}X_L\dot{I} \tag{2-12}$$

式中，$X_L = \omega L = 2\pi f L$ 称为感抗，表征电感元件对电流的阻碍作用，单位是欧姆（Ω）。L 一定时，频率越高，X_L 越大，在一定电压下，I 越小。

式（2-12）包含了电感元件两端的电压、电流的大小关系和相位关系，具体如下：

1）大小关系为

$$U = I\omega L$$

2）相位关系为：电感元件上的电压、电流同频率，$\psi_u = \psi_i + 90^\circ$，电压超前电流 90°。

3．电感元件的功率

电感元件的瞬时功率表达式为

$$p = ui = 2UI\sin\omega t\sin(\omega t + 90°) = 2UI\sin\omega t\cos\omega t$$
$$= UI\sin 2\omega t \tag{2-13}$$

波形图如图 2-10d 所示。可见，电感元件的瞬时功率 p 的频率是 u、i 频率的两倍，按正弦规律变化。在第一个和第三个 1/4 周期内，u 和 i 同为正值或同为负值，故 $p > 0$，说明电感元件从外界吸收能量；而在第二个和第四个 1/4 周期内，u 和 i 一正一负，故 $p < 0$，说明电感元件在此期间释放能量。在整个周期内的平均功率为零，说明电感元件只与外电路进行能量交换，其本身不消耗能量，故它只是储能元件。因此引入无功功率来衡量电感元件与外界交换能量的规模，即

$$Q_L = UI = X_L I^2 = \frac{U^2}{X_L} \tag{2-14}$$

为了区别有功功率，无功功率的单位为乏（var）或千乏（kvar）。

电感元件中有电流时，元件中就有磁场，就储存着磁场能量，其大小为

$$W_L = \frac{1}{2}Li^2 \tag{2-15}$$

 小·提示

初学者应注意两点：第一，无功功率并不是无用功率，无功只表示交换能量，它仍具有实际物理含义；第二，有功功率（平均功率）是电阻上所消耗的功率。

【例2-3】 一个线圈的电感 $L = 350\text{mH}$，其电阻可忽略不计，接至频率为 50Hz、电压为 220V 的交流电源上。求流过线圈的电流 I 是多少？画出相量图，并计算无功功率。若保持电源电压不变，电源频率变为 5kHz，线圈中的电流与无功功率又是多少？

【解】 （1）$X_L = 2\pi f L = (2\pi \times 50 \times 0.35)\Omega = 110\Omega$

$$I = \frac{U}{X_L} = \frac{220}{110}\text{A} = 2\text{A}$$

$$Q_L = I^2 X_L = (2^2 \times 110)\,\text{var} = 440\text{var}$$

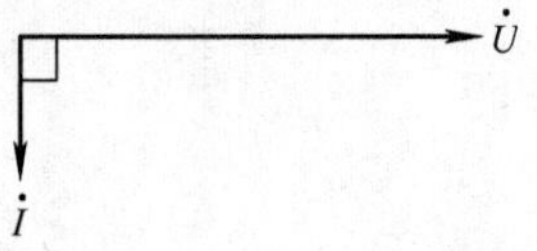

图 2-11 例 2-3 的相量图

设 $\dot{U} = 220\underline{/0°}\text{ V}$，则 $\dot{I} = 2\underline{/-90°}\text{A}$，相量图如图 2-11 所示。

（2）$X_L = 2\pi f L = (2\pi \times 5000 \times 0.35)\Omega = 11\text{k}\Omega$

$$I = \frac{U}{X_L} = \frac{220}{11 \times 10^3}\text{A} = 20\text{mA}$$

$$Q_L = I^2 X_L = (20 \times 10^{-3})^2 \times 11 \times 10^3\,\text{var} = 4.4\text{var}$$

2.3.3　正弦交流电路中的电容元件

1．电容元件

图 2-12a 是几种电容器的外形，电容器通常由两块金属极板中间隔以绝缘介质组成。忽略其介质损耗时，就得到电容元件，其电路符号如图 2-12b 所示。

当电容元件两端加上电源时，极板上分别聚集起等量异号的电荷，极板上所带电荷 q 与两极板间电压 u 成正比，其比值称为电容元件的电容，用字母 C 表示。即

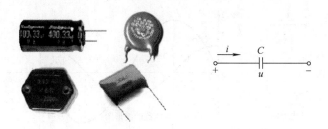

a) 电容实物图　　　　　　　　　　　b) 电容元件电路符号

图 2-12　电容元件实物及符号

$$C = \frac{q}{u} \tag{2-16}$$

式中，C 的单位为法拉（F），简称法。

　　当电容极板间电压变化时，极板上电荷也随着改变，于是电容器电路中出现电流 i。在电压与电流参考方向一致时，由式（1-2）和式（2-16）可得电容元件的电流与其电压的变化率成正比，即

$$i = \frac{\mathrm{d}q}{\mathrm{d}t} = C \frac{\mathrm{d}u}{\mathrm{d}t} \tag{2-17}$$

式中，C 的单位为 F；u 的单位为 V；t 的单位为 s；i 的单位为 A。

　　式（2-17）指出电容元件的电流与它两端电压的变化率成正比。当元件上电压变化越快时，电流越大；当电压不随时间变化时，则电流为零。在直流电路中，电容元件相当于开路，故电容元件有隔断直流（简称隔直）的作用。

2. 电压与电流的关系

如图 2-13a 所示，在一个电容元件上加一正弦交流电压 u，将产生电流 i。

设电压

$$u = U\sqrt{2}\sin\omega t \xrightarrow{\quad\text{表示为相量}\quad} \dot{U} = U\underline{/0°}$$

代入式（2-17）有

$$i = C\frac{\mathrm{d}u}{\mathrm{d}t} = \omega C U_\mathrm{m}\cos\omega t = I_\mathrm{m}\sin(\omega + 90°) \xrightarrow{\quad\text{表示为相量}\quad} \dot{I} = \mathrm{j}\omega C\dot{U} = I\underline{/90°}$$

电容元件两端的电压与电流为同频率的正弦量，电流、电压的波形图和相量图如图 2-13b、c 所示。

　　由此可以得到电容元件两端的电压、电流关系的相量形式为

$$\dot{U} = -\mathrm{j}\frac{\dot{I}}{\omega C} = -\mathrm{j}X_C\dot{I} \tag{2-18}$$

式中，$X_C = \dfrac{1}{\omega C}$，称为容抗，表征电容元件对电流的阻碍作用，单位是欧姆（Ω），简称欧。C 一定时，频率越高，X_C 越小，在一定电压下，I 越大。

　　式（2-18）包含了电感元件两端的电压、电流大小和相位的关系，具体如下：

1）大小关系为

$$U = X_C I$$

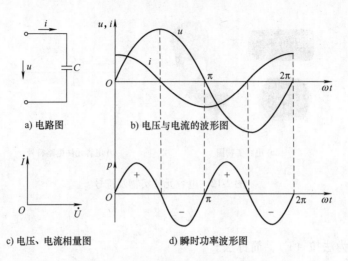

a) 电路图　　　　　b) 电压与电流的波形图

c) 电压、电流相量图　　　　　d) 瞬时功率波形图

图 2-13　电容元件的正弦交流电路

2）相位关系为：电容元件上的电压、电流同频率，$\psi_i = \psi_u + 90°$，电流超前电压 $90°$。

3. 电容元件的功率

电容元件瞬时功率的表达式为

$$p = ui = 2UI\sin\omega t\sin(\omega t + 90°) = 2UI\sin\omega t\cos\omega t$$

$$= UI\sin2\omega t \tag{2-19}$$

波形图如图 2-13d 所示，可见，电容元件的瞬时功率 p 的频率是 u、i 频率的两倍，按正弦规律变化，在第一个和第三个 1/4 周期内，u 和 i 同为正值或同为负值，故 $p > 0$，说明电容元件从外界吸收能量；而在第二个和第四个 1/4 周期内，u 和 i 一正一负，故 $p < 0$，说明电容元件在此期间释放能量。在整个周期内的平均功率为零，说明电容元件不消耗电能，它只是储能元件。

电容元件的无功功率为

$$Q_C = -UI = -X_C I^2 = -\frac{U^2}{X_C} \tag{2-20}$$

电容元件的无功功率为负值，表明它与电感元件交换能量的过程相反。在同一电路中，电感吸收能量的同时，电容释放能量，反之亦然。

电容元件储存电场能量的大小为

$$W_C = \frac{1}{2}Cu^2 \tag{2-21}$$

 小提示

　　通常，我们常将电容上的无功功率称为容性无功，其值为负；而将电感的无功功率称为感性无功，其值为正。

【例 2-4】 某元件两端的电压 $\dot{U} = 220\ \underline{/30°}\ \text{V}$，流过的电流 $\dot{I} = 10\ \underline{/120°}\ \text{mA}$，试确定该元件的性质及其感抗或容抗的大小。

【解】 因为 $\dot{U} = 220\ \underline{/30°}\ \text{V}$，$\dot{I} = 10\ \underline{/120°}\ \text{mA}$，即元件的电压初相位落后电流初相位

90°，所以该元件是电容元件。

其容抗 $X_C = \dfrac{U}{I} = \dfrac{220}{10}\,\text{k}\Omega = 22\text{k}\Omega$。

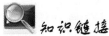 知识链接

电解电容器

电解电容器是目前用得较多的电容器，它体积小、耐压高，是有极性电容器。正极是金属片表面上形成的一层氧化膜，负极是液体、半液体或胶状的电解液。因其有正、负极之分，一般工作在直流状态下，如果极性用反，将使漏电流剧增，在此情况下，电解电容器将会急剧变热而使电容器损坏，甚至引起爆炸。常见的有铝电解电容器和钽电解电容器两种，铝电解电容器有铝制外壳，钽电解电容器没有外壳，钽电解电容器体积小，价格昂贵。电解电容器大多用于电源电路中，对电源进行滤波。铝电解电容器采用负极标注，就是在负极端进行明显的标注，一般是从上到下的黑条或者白条，条上印有"－"标记。新购买的铝电解电容器正极的引脚要长于负极引脚。钽电解电容器采用正极标记，在正极上有一条黑线注明"＋"。电解电容器的实物图如图 2-14 所示。

a) 铝电解电容器　　　　　b) 钽电解电容器　　　　　c) 电气图形符号

图 2-14　电解电容器的实物图

课堂练一练

1. 在直流电路中，电感元件的感抗为（　），电容元件的容抗为（　），这时电感元件可视作（　），电容元件可视作（　）。

A. 开路　　　　B. 短路　　　　C. 无法确定　　　D. 零　　E. 无穷大

2. 电阻元件只有（　）功率，没有（　）功率；电感与电容元件只有（　）功率，没有（　）功率。

A. 有功　　　　B. 无功　　　　C. 无法确定

3. 已知 R、L、C 三元件分别接于 $f = 50\text{Hz}$ 的正弦交流电源上，其中 $R = 10\Omega$，$L = 0.3\text{H}$，$C = 100\mu\text{F}$，则

1）感抗 $X_L = \underline{\hspace{2cm}}$，容抗 $X_C = \underline{\hspace{2cm}}$；

2）若流过各元件的电流 $\dot{I}$ 均为 $100\underline{/30°}\,\text{mA}$，三元件上的电压相量分别为 $\dot{U}_R = \underline{\hspace{2cm}}$，$\dot{U}_L = \underline{\hspace{2cm}}$，$\dot{U}_C = \underline{\hspace{2cm}}$。

4. 判断下面各式的正误：

（1）在纯电阻电路中

$$u = IR , \quad i = I_m \sqrt{2} \sin\omega t , \quad R = \frac{u}{i} , \quad R = \frac{U_m}{I}$$

（2）在纯电感电路中

$$u = Li , \quad u = L\frac{di}{dt} , \quad \dot{U} = -jX_L\dot{I} , \quad i = \frac{u_L}{\omega L} , \quad I = \frac{U}{X_L}$$

（3）在纯电容电路中

$$u = L\frac{di_C}{dt} , \quad X_C = -j\omega C , \quad \dot{U} = \frac{\dot{I}}{\omega C} , \quad I = \frac{U}{X_C}$$

2.4　正弦交流电路的分析与计算

　　对于交流电路的任意瞬间，直流电路中的电路定律、定理以及相关电路分析方法仍然适用。下面将利用相量法讨论电阻、电感、电容元件串联电路的伏安关系（大小和相位关系）以及功率计算。

2.4.1　RLC 串联正弦交流电路

1. 电流、电压与阻抗

　　RLC 串联电路的典型电路如图 2-15a 所示，其相应的相量电路模型如图 2-15b 所示。所谓相量电路模型，就是将电路参数 *L*、*C* 分别用 jX_L、$-jX_C$ 代替，将瞬时值 *u*、*i* 用相量 $\dot{U}$、$\dot{I}$ 表示，采用相量法来分析的电路模型。

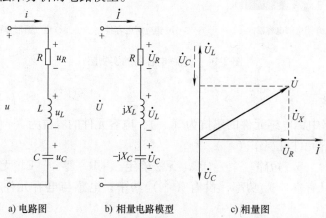

a) 电路图　　　　b) 相量电路模型　　　　c) 相量图

图 2-15　*RLC* 串联电路

串联电路中通过各元件的电流是同一电流，设电流为

$$i = I\sqrt{2}\sin\omega t \xrightarrow{\text{表示为相量}} \dot{I} = I\underline{/0°}$$

则端口总电压为

$$u = u_R + u_L + u_C$$

其对应的相量形式为

$$\dot{U} = \dot{U}_R + \dot{U}_L + \dot{U}_C = \dot{U}_R + \dot{U}_X$$

根据单一参数的电流与电压关系

$$\dot{U}_R = R\dot{I} \qquad \dot{U}_L = jX_L\dot{I} \qquad \dot{U}_C = -jX_C\dot{I}$$

电压与电流的相量图如图 2-15c 所示。可见 $\dot{U}$、$\dot{U}_R$、$\dot{U}_X$ 的大小组成一个直角三角形，称为电压三角形，如图 2-16a 所示。

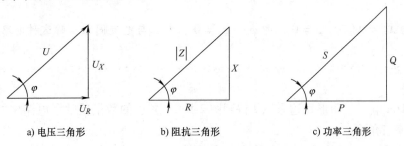

a) 电压三角形   b) 阻抗三角形   c) 功率三角形

图 2-16 电压、阻抗和功率三角形

$$\dot{U} = R\dot{I} + jX_L\dot{I} - jX_C\dot{I} = \left[R + j(X_L - X_C)\right]\dot{I} = Z\dot{I} \tag{2-22}$$

$$Z = R + j(X_L - X_C) = R + jX \tag{2-23}$$

由式 (2-23) 可见，Z 是一个复数，其实部为电阻 R，虚部为电抗 X，因而，称 Z 为复阻抗，单位为欧姆 (Ω)。将其表达成极坐标的形式 $Z = |Z| \underline{/\varphi}$，$|Z|$ 称为复阻抗的阻抗值，φ 为阻抗角。

$$\begin{cases} |Z| = \sqrt{R^2 + X^2} = \sqrt{R^2 + (X_L - X_C)^2} \\ \varphi = \arctan\dfrac{X}{R} = \arctan\dfrac{X_L - X_C}{R} \end{cases} \tag{2-24}$$

由式 (2-22) 可得

$$Z = \frac{\dot{U}}{\dot{I}} = \frac{U\underline{/\varphi_u}}{I\underline{/\varphi_i}} = \frac{U}{I}\underline{/(\psi_u - \psi_i)}$$

其中

$$\begin{cases} |Z| = \dfrac{U}{I} \\ \varphi = \psi_u - \psi_i \end{cases} \tag{2-25}$$

综上所述，式 (2-24) 和式 (2-25) 分别从两个角度对复阻抗进行了描述，复阻抗 Z 只决定于电路本身参数，且复阻抗 Z 又决定了电路中电压与电流的大小和相位关系。通过阻抗角 φ 可以判断电路的性质。

其中，$|Z|$、R 与 X 三者的关系可以用一个直角三角形表示，称为阻抗三角形，如图 2-16b 所示。阻抗三角形与电压三角的形是相似三角形，将电压三角形三边除以 I 便得到阻抗三角形。

归纳

1) 当 $X_L > X_C$ 时，$\varphi > 0$，即 $\varphi_u - \varphi_i > 0$，电压超前电流，称这种电路为感性电路。

2) 当 $X_L < X_C$ 时，$\varphi < 0$，即 $\varphi_u - \varphi_i < 0$，电压滞后电流，称这种电路为容性电路。

3) 当 $X_L = X_C$ 时，$\varphi = 0$，即 $\varphi_u - \varphi_i = 0$，电压与电流同相，称这种电路为纯电阻电路。

2. 功率

将图 2-16a 电压三角形每边乘以 I 得到图 2-16c，各边的数量反映了电路中的功率关系，因此称为功率三角形。

总电压 U 与电流 I 的乘积定义为电路的视在功率，用符号 S 表示，它的单位为伏安（V·A）。

$$S = UI \tag{2-26}$$

用视在功率表示交流设备的容量是比较方便的。通常所说的变压器容量，就是指它的视在功率。例如 50kV·A（千伏安）的变压器、100 kV·A 的变压器等。

根据功率三角形，可以推出在 RLC 串联电路中，有功功率 P、无功功率 Q 的计算公式为

$$\left. \begin{array}{l} P = UI\cos\varphi \\ Q = UI\sin\varphi \\ S = UI = \sqrt{P^2 + Q^2} \end{array} \right\} \tag{2-27}$$

式中，$\cos\varphi = \dfrac{P}{S}$ 称为电路的功率因数，用 λ 表示。功率因数的大小反映了电源设备容量利用率的高低。

注意

P、Q 和 S 都不是正弦量，所以不能用相量表示。

【**例 2-5**】 某一工频电路由电阻 R、电感 L、电容 C 串联构成，已知 $R = 30\,\Omega$，$L = 127$ mH，$C = 40\mu F$，电源电压 $\dot{U} = 220\underline{/-30°}$ V，求：（1）电路的复阻抗 Z；（2）电路的性质；（3）电流 i；（4）电路的有功功率 P、无功功率 Q 及视在功率 S。

【**解**】 （1）根据题意得

$$X_L = \omega L = 314 \times 127 \times 10^{-3}\Omega = 40\Omega$$

$$X_C = \frac{1}{\omega C} = \frac{1}{314 \times 40 \times 10^{-6}}\Omega = 80\Omega$$

电路的复阻抗为 $\quad Z = R + jX = [30 + j(40 - 80)]\Omega = 50\underline{/-53.13°}\,\Omega$

（2）因为 $\varphi = -53.13°$，所以电路呈容性。

（3）
$$\dot{I} = \frac{\dot{U}}{Z} = \frac{220\ \underline{/-30°}}{50\ \underline{/-53.13°}}\text{A} = 4.4\ \underline{/23.13°}\text{A}$$

所以

$$i = 4.4\sqrt{2}\sin(314t + 23.13°)\ \text{A}$$

（4）电路中的视在功率为　　$S = UI = 220 \times 4.4\ \text{V} \cdot \text{A} = 968\text{V} \cdot \text{A}$

电路中的无功功率为　　$Q = S\sin\varphi = 968\sin(-53.13°)\text{var} = -774.4\text{var}$

电路中的有功功率为　　$P = S\cos\varphi = 968\cos(-53.13°)\text{W} = 580.8\text{W}$

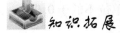 知识拓展

荧光灯电路

荧光灯（见图 2-17）是应用较为普遍的一种照明灯具。

1．荧光灯照明电路的结构

荧光灯是由灯管、辉光启动器、镇流器、灯架和灯座等组成的。

① 灯管：由玻璃管、灯丝和灯丝引出脚组成，玻璃管内抽成真空后充入少量汞以及氩等惰性气体，管壁涂有荧光粉，在灯丝上涂有电子粉。

图 2-17　荧光灯外形图

② 辉光启动器：由氖管、纸介质电容、出线脚和外壳组成，氖管内装有 U 形动触片和静触片。

③ 镇流器：主要由铁心和线圈等组成。使用时注意镇流器功率必须与灯管功率相符。

④ 灯架：有木制和铁制两种，规格应配合灯管长度。

⑤ 灯座：灯座有开启式和弹簧式两种。

2．荧光灯的工作原理

荧光灯的原理接线图如图 2-18 所示。当荧光灯接入电路后，电源电压经过镇流器、灯丝，加在辉光启动器的 U 形金属片和静触点之间，引起辉光放电。放电时产生的热量使双金属片膨胀并向外伸张，与静触点接触，接通电路，使灯丝受热并发射出电子。与此同时，由于双金属片与静触点相接触而停止辉光放电，使双金属片逐渐冷却并向里弯曲，脱离静触点。在触点断开的瞬间，在

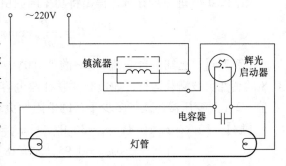

图 2-18　荧光灯的原理接线图

镇流器两端会产生一个比电源电压高得多的感应电动势。这个感应电动势加在灯管两端，使大量电子在灯管中流过。电子在运动中冲击管内的气体，发出紫外线。紫外线激发灯管内壁的荧光粉后，发出近似日光的可见光。

镇流器另外还有两个作用：一个是在灯丝加热时，限制灯丝所需的加热电流值，防止灯

丝因加热温度过高而烧断,并保证灯丝的电子发射能力;二是在灯管起辉后,维持灯管的工作电压并使灯管的工作电流限制在额定值,以保证灯管能稳定工作。

2.4.2　功率因数的提高

1. 提高功率因数的意义

功率因数 $\lambda = \cos\varphi = \dfrac{P}{S}$ 越大,则线路电流 $I = \dfrac{P}{U\cos\varphi}$ 越小,线路损耗 $\Delta P = I^2 r$ 就越小,电源的利用率越高,因而提高功率因数是很有必要的。

常用交流异步电动机在空载时的功率因数为 $0.2 \sim 0.3$,而在额定负载时为 $0.83 \sim 0.85$;不装电容的荧光灯,功率因数为 $0.45 \sim 0.6$。为了提高供电电源的效率,我国电力系统供用电规则指出,高压供电的工业企业的平均功率因数应不低于 0.95,其他单位不低于 0.9。

2. 提高功率因数的方法

提高功率因数 λ 的最简便的办法,是利用电容与感性负载相并联,如图 2-19a 所示。这样就可以使电感中的磁场能量与电容中的电场能量交换,从而减少电源与负载间能量的互换。

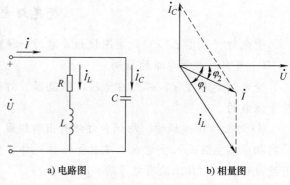

a) 电路图　　　　　　b) 相量图

图 2-19　功率因数的提高

由图 2-19b 可知,感性负载并联电容前,电流 $\dot{I}_L$ 滞后于电压 $\dot{U}$ 的角度为 φ_1。此时,总电流 $\dot{I} = \dot{I}_L$ 滞后电压 $\dot{U}$ 的角度也为 φ_1。并联电容以后,$\dot{U}$ 不变,感性负载中 $\dot{I}_L$ 不变,电容支路中电流 $\dot{I}_C$ 超前 $\dot{U}$ 的角度为 $90°$。总电流 $\dot{I} = \dot{I}_L + \dot{I}_C$,$\dot{I}$ 与 $\dot{U}$ 间相位差变小。所以 $\cos\varphi_2 > \cos\varphi_1$,这样,并联电容后整个电路的功率因数比未并联电容时的功率因数提高了。

由图 2-19b 进一步分析,得出将功率因数由 $\cos\varphi_1$ 提高到 $\cos\varphi_2$ 所需并联的电容为

$$C = \frac{P}{\omega U^2}(\tan\varphi_1 - \tan\varphi_2) \tag{2-28}$$

【例 2-6】　已知一台交流 50Hz 的 "380V,250kV·A" 变压器,带动功率因数 $\cos\varphi_1 = 0.8$ 的感性负载满载运行,如负载并联补偿电容,功率因数提高到 0.95,试求:1) 电容的 C 值;2) 此变压器还能带多少千瓦的电阻性负载?

【解】　1) $\cos\varphi_1 = 0.8$,$\varphi_1 = 36.9°$,$\tan\varphi_1 = 0.75$

$$\cos\varphi_2 = 0.95,\ \varphi_2 = 18.2°,\ \tan\varphi_2 = 0.329$$

负载功率为 $P = S_N \cos\varphi_1 = 250 \times 0.8\text{kW} = 200\text{kW}$

由式 (2-28) 可得

$$C = \frac{200 \times 10^3}{2 \times 3.14 \times 50 \times 380^2} \times (0.75 - 0.329)\text{F} = 1.86 \times 10^{-3}\text{F}$$

$$= 1.86 \times 10^3\ \mu\text{F}$$

2) 提高功率因数后,变压器输出的无功功率为

$$Q = S_N \sin\varphi_2 = 250 \times 0.3123 \text{kvar} = 78.1 \text{kvar}$$

增加的电阻负载功率 ΔP 为

$$\Delta P = \sqrt{250^2 - 78.1^2} \text{ kW} - 200\text{kW} = 37.5\text{kW}$$

即此变压器还能带 37.5kW 的电阻性负载。

归纳

　　可见，在感性电路的两端并联上一个合适的电容器，可以改善电路的功率因数，大大提高电源的利用率。并联电容后，电路的功率因数提高，供电线路上的电流降低。

课堂练一练

1. 对于电感性负载电路，如何提高功率因数？提高功率因数的意义何在？

2. 对于并联电容提高感性电路的功率因数，下列说法正确的是（　）。

A. 并联电容器的容量越大，电路的功率因数提高得越多。

B. 并联电容提高功率因数后，整个电路的有功功率增加。

C. 并联电容后，电路的总电流有效值减小。

D. 并联电容器的容量适当小或较大均可提高功率因数，从经济效益上考虑应并联容量适当小的电容器为好。

3. 对于并联电容提高感性电路的功率因数，下列说法正确的是（　）。

A. 提高功率因数可以增加电路的有功功率。

B. 提高功率因数可以增加电路的无功功率。

C. 提高功率因数可以减小电路的无功功率。

D. 提高功率因数可以增加感性电路的有功功率。

2.5　三相交流电路

　　三相交流电是目前世界上使用最为广泛的交流电。由三相交流电源供电的电路称为三相电路。前面所介绍的单相交流电源只是三相电源中的一相，正弦交流电路的分析方法对三相交流电路都适用，但是由于三相电路中的电流、电压也有自身的特点，因此三相电路的分析有其特殊之处。

2.5.1　三相电源

　　目前我国电力系统所采用的供电方式为三相四线制，它由三相交流发电机产生三相电源。三相交流发电机中有三个几何形状、尺寸和匝数都相同、空间上彼此间隔 120° 的绕组，分别为 A、B、C 相。将每相绕组的始端 A_1、B_1、C_1 称为"相头"，末端 A_2、B_2、C_2 称为"相尾"。旋转时，各绕组内感应出频率相同、振幅相等而相位相差 120° 的感应电压，这三个感应电压称为对称三相电压（或对称三相电源）。令 A 相初相位为 0°，B 相滞后 A 相 120°、C 相滞后 B 相 120°，则对称三相电源的三相电压可表示为

$$\left.\begin{aligned} u_A &= U_m \sin\omega t \\ u_B &= U_m \sin(\omega t - 120°) \\ u_C &= U_m \sin(\omega t + 120°) \end{aligned}\right\} \qquad (2\text{-}29)$$

其相量表达式为

$$\left.\begin{aligned} \dot{U}_A &= U\underline{/0°} \\ \dot{U}_B &= U\underline{/-120°} \\ \dot{U}_C &= U\underline{/120°} \end{aligned}\right\} \qquad (2\text{-}30)$$

对称三相电压的波形图和相量图如图 2-20 所示。

显然，对称三相电压的瞬时值之和为零，相量之和也为零，即

$$\left\{\begin{aligned} u_A + u_B + u_C &= 0 \\ \dot{U}_A + \dot{U}_B + \dot{U}_C &= 0 \end{aligned}\right. \qquad (2\text{-}31)$$

通常将三相电压的振幅值出现的顺序称为相序，如图 2-20 所示的三相电源的相序是 A－B－C－A，称为正序，如果相序为 A－C－B－A，则称为逆序。无特殊说明时，三相电源为正序。

三相发电机的每一相绕组都是独立的电源，可分别与负载相连，构成三个独立的单相供电系统，这种供电方式需要六根导线，很不经济，实际中不被采用。通常是将三相绕组接成星形（Y）或三角形（△）后，再向负载供电。三相电源的连接方式有两种，即星形联结和三角形联结。

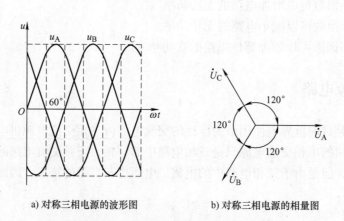

a) 对称三相电源的波形图　　　　b) 对称三相电源的相量图

图 2-20　对称三相电压的波形图和相量图

1. 三相电源的星形（Y）联结

三相电源的星形联结如图 2-21 所示，将三相绕组的相尾接在一起，相头引出三根导线与负载相连。相尾的连接点称为中性点或零点，用字母 N 表示，从中性点 N 引出的导线称为中性线或零线。绕组的相头 A_1、B_1、C_1 分别引出三根导线，称为相线，俗称火线。这种有中性线的供电方式称为三相四线制，没有中性线的供电方式称为三相三线制。

星形联结时，有两组电压。相线和中性线间的电压称为相电压，分别为 $\dot{U}_A$、$\dot{U}_B$、$\dot{U}_C$，相电压的方向规定为相线指向中性线。通常用 U_p 表示对称的三个相电压的有效值。任意两根相线之间的电压称为线电压，分别为 $\dot{U}_{AB}$、$\dot{U}_{BC}$、$\dot{U}_{CA}$，线电压的正方向由双下标字母的先后次序决定。通常用 U_L 表示对称的三个线电压的有效值。根据

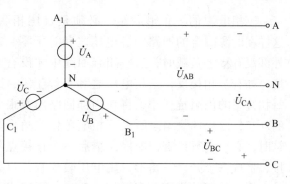

图 2-21 三相电源的星形联结

规定的参考方向，对称三相电源各相电压和线电压的相量图如图 2-22 所示，相电压和线电压之间的相量关系为

$$\begin{cases} \dot{U}_{AB} = \dot{U}_A - \dot{U}_B = \sqrt{3}\dot{U}_A \ \underline{/30°} \\ \dot{U}_{BC} = \dot{U}_B - \dot{U}_C = \sqrt{3}\dot{U}_B \ \underline{/30°} \\ \dot{U}_{CA} = \dot{U}_C - \dot{U}_A = \sqrt{3}\dot{U}_C \ \underline{/30°} \end{cases} \tag{2-32}$$

由图 2-22 可见，由于三相电压对称，线电压在相位上比相应的相电压超前 30°，所以线电压也是对称的。由此可得线电压与相电压的关系如下：

1) 线电压的大小是相电压大小的 $\sqrt{3}$ 倍，即

$$U_L = \sqrt{3}U_p \tag{2-33}$$

2) 线电压超前对应的相电压 30°。

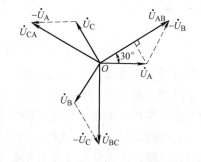

图 2-22 三相电源星形联结时的电压相量图

小提示

需要指出的是，电源星形联结并引出中性线时可以提供两套对称三相电压，一套是对称的相电压，另一套是对称的线电压。我国的低压配电系统通常采用三相四线制供电方式，它能提供两种电压，即相电压 220V、线电压 380V，以满足不同用户的需要。

2. 三相电源的三角形（△）联结

三相电源的三角形联结如图 2-23 所示，它将三相电源的相头与相尾依次相连，并从三个连接处分别引出三根导线与负载相连。三角形联结的电源只能采用三相三线制供电方式。

由图 2-23 可知，线电压就是相应的相电压，其有效值关系为

$$U_L = U_p \tag{2-34}$$

当三相电源对称时，三个相电压的相量和为零。这表明三角形回路中各段电压之和等于零，即这个闭合回路中没有电流经过。

三相电源的三角形联结，必须是首尾相联，这样在电源闭合的回路中各电压之和等于零，在外部没有接上负载时，这一闭合回路中才没有电流。如有一相接反，三相电压之和不等于零，因每相绕组的内阻抗很小，将在内部回路出现很大的环流，而烧坏绕组。所以三相电源作三角形联结时，必须进行检查，即保留最后一个连接点不接，形成一个开口三角形，用电压表检查开口处的电压，如读数为零，表示接法正确，再接成封闭三角形。

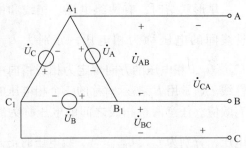

图 2-23　三相电源的三角形联结

 小提示

　　发电机接成三角形联结后，若某相绕组接错，将会出现很大的环路电流，所以一般发电机三相绕组都接成星形，而不接成三角形。对于变压器的接线，三角形和星形接线都有。

动动手

低压验电器的使用

　　低压验电器（又称电笔）是电工常用工具之一，可用于判别物体是否带电，经常被用来判别日常照明电路中的相线或中性线。它的测电范围是 $60 \sim 500\text{V}$，有钢笔式和螺钉旋具式。它由笔尖金属体、电阻、氖管（俗称氖泡）、笔身、小窗、弹簧和笔尾的金属体组成，其外形及结构如图 2-24 所示。当低压验电器接触带电体时，只要带电体、低压验电器和人体、大地构成通路，并且带电体与大地之间的电位差超过一定数值（例如 60V），低压验电器之中的氖管就会发光（其电位不论是交流还是直流），就是说被测物体带电，并且超过了一定的电压强度。

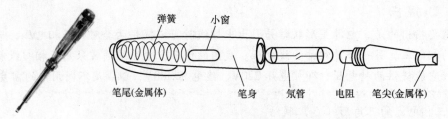

弹簧　　小窗

笔尾(金属体)　　笔身　　氖管　　电阻　　笔尖(金属体)

图 2-24　低压验电器的外形及结构

　　使用低压验电器时要注意下列几个方面：

　　1）使用低压验电器之前，首先要检查其内部有无安全电阻，是否有损坏，有无进水或受潮，并在带电体上检查其是否可以正常发光，检查合格后方可使用。

　　2）测量时手指握住低压验电器笔身，食指或掌心触及笔身尾部金属体，低压验电器的小窗应该朝向自己的眼睛，以便于观察，如图 2-25 所示。

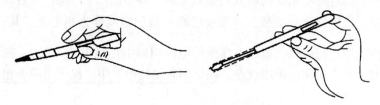

图 2-25　低压验电器的手持方法

3）在较强的光线下或阳光下测试带电体时，应采取适当避光措施，以防观察不到氖管是否发亮，造成误判。

4）低压验电器可用来区分相线和中性线，接触时能使氖管发亮的是相线（火线），不亮的是中性线。它也可用来判断电压的高低，氖管亮度越暗，则表明电压越低；氖管越亮，则表明电压越高。

5）当用低压验电器触及电机、变压器等电气设备外壳时，如果氖管发亮，则说明该设备相线有漏电现象。

6）用低压验电器测量三相三线制电路时，如果两根很亮而另一根不亮，则说明这一相有接地现象。在三相四线制电路中，当发生单相接地现象时，用低压验电器测量中性线，氖管也会发亮。

7）低压验电器笔尖与螺钉旋具形状相似，但其承受的扭矩很小，因此不能用其安装或拆卸电气设备，以防受损。

2.5.2　三相负载

在三相负载中，若每相负载的大小和性质都相同，则称为对称三相负载。若负载的大小或性质不一样，则称为不对称三相负载。三相负载的连接方式有星形联结和三角形联结两种，负载的连接方式由负载的额定电压决定。每种连接方式又分为对称负载联结和不对称负载联结。这里主要讨论对称负载联结。

1. 三相负载的星形（Y）联结

三相电源和三相负载都是星形联结的三相四线制电路如图 2-26a 所示，N 称为负载中性点。显然，由图 2-26a 可以看出，当忽略导线阻抗时，电源的相、线电压就分别是负载的相、线电压。

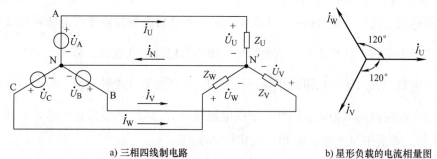

a) 三相四线制电路　　　　　　　　b) 星形负载的电流相量图

图 2-26　三相负载的星形联结

三相电路中，流过每根相线的电流叫做线电流，即 $\dot{I}_U$、$\dot{I}_V$、$\dot{I}_W$，其有效值用 I_L 表示，其参考方向规定为由电源流向负载；而流过每相负载的电流称为相电流，其有效值用 I_P 表示，其参考方向与线电流一致；流过中性线的电流叫做中性线电流，以 $\dot{I}_N$ 表示，其参考方向规定为由负载中性点流向电源中性点。在星形联结的电路中，线电流等于相电流，即

$$I_L = I_P = \frac{U_P}{|Z|} \tag{2-35}$$

根据基尔霍夫电流定律，中性线电流与各线电流（相电流）的相量关系为

$$\dot{I}_N = \dot{I}_U + \dot{I}_V + \dot{I}_W$$

若三相负载对称，由于各相电压对称，因此相电流也对称，所以，三个相电流的相位差也互为120°。相量图如图 2-26b 所示，不难得出三个相电流的相量和为零。

$$\dot{I}_N = \dot{I}_U + \dot{I}_V + \dot{I}_W = 0$$

所以，三相对称负载作星形联结时中性线电流为零。由于中性线上无电流流过，故可省去中性线，成为三相三线制对称电路。

当负载不对称有中性线时，各相构成了独立的回路，各相负载可获得对称的电源相电压，从而保证负载在额定电压下工作。此时，负载相电流不再对称，中性线电流不为零。常用照明电路和家用电器的供电，都属于不对称负载的三相四线制交流电路。

负载不对称时，各相需单独计算，每相负载电流可分别求出。中性线上的电流为

$$\dot{I}_N = \dot{I}_U + \dot{I}_V + \dot{I}_W \neq 0$$

由于中性线上的电流不为零，所以中性线（三相四线制）必须有。

 注意

在三相四线制供电电路中，若中性线断开，各相负载上的电压将不对称，有的电压过高，使负载损坏；有的电压过低，而使负载不能正常工作。因此规定中性线上不准安装熔丝和开关，有时中性线还采用钢芯导线来加强其机械强度，以免断开。

2. 三相负载的三角形（△）联结

三相负载的三角形联结电路如图 2-27a 所示，将每相负载分别接在电源两相线之间，所以不论负载是否对称，各相负载所承受的相电压均为电源的线电压，即 $\dot{U}_{UV}$、$\dot{U}_{VW}$、$\dot{U}_{WU}$。

对于对称负载，由于各相阻抗相等，性质相同，因此各相电流 $\dot{I}_{UV}$、$\dot{I}_{VW}$、$\dot{I}_{WU}$ 也是对称的。由于三个相电流是对称的，因此三个线电流 $\dot{I}_U$、$\dot{I}_V$、$\dot{I}_W$ 也必然是对称的，其大小为相电流的 $\sqrt{3}$ 倍，滞后于对应相电流30°，如图 2-27b 所示。

$$I_L = \sqrt{3}\, I_P \tag{2-36}$$

若负载不对称，由于电源电压对称，故负载的相电压对称，但相电流和线电流不对称。分析时，应先算出各相电流，然后根据基尔霍夫电流定律计算线电流。

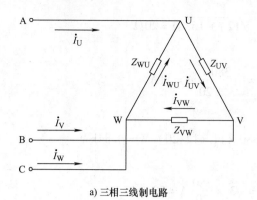 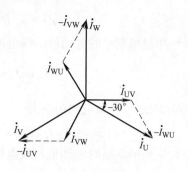

a) 三相三线制电路   b) 三角形负载的电流相量图

图 2-27　三相负载的三角形联结

 注意

　　三相负载采用星形联结还是三角形联结，取决于三相负载的额定电压和三相电源的线电压。当负载的额定电压等于电源的线电压时，应采用三角形联结；当负载的额定电压是电源线电压的 $1/\sqrt{3}$ 时，则应采用星形联结。

2.5.3　三相功率

　　无论三相电路电源或负载是星形联结还是三角形联结，电路总的有功（无功）功率必定等于各相有功（无功）功率之和。即

$$P = P_U + P_V + P_W$$
$$Q = Q_U + Q_V + Q_W$$

但是视在功率不等于各相视在功率之和，而应该是

$$S = \sqrt{P^2 + Q^2}$$

若三相负载对称，则有

$$P = 3P_U = 3U_P I_P \cos\varphi$$
$$Q = 3Q_U = 3U_P I_P \sin\varphi$$
$$S = \sqrt{P^2 + Q^2} = 3U_P I_P$$

式中，φ 是负载的阻抗角。

　　三相功率也可写成

$$\left.\begin{array}{l} P = \sqrt{3}U_L I_L \cos\varphi \\ Q = \sqrt{3}U_L I_L \sin\varphi \\ S = \sqrt{P^2 + Q^2} = \sqrt{3}U_L I_L \end{array}\right\} \tag{2-37}$$

　　【例 2-7】　某三相交流异步电动机绕组额定电压为 380V，每相绕组的电阻 $R = 12\Omega$，感抗 $X_L = 16\Omega$，接在线电压为 380V 的三相电源上工作。试求：1）采用星形联结时电动机的功率；2）采用三角形联结时电动机的功率。

　　【解】　该电动机每相阻抗为

$$|Z| = \sqrt{R^2 + X_L^2} = \sqrt{12^2 + 16^2}\ \Omega = 20\Omega$$

1）用星形联结时电动机的线电流为

$$I_L = I_P = \frac{U_L}{\sqrt{3}\,|Z|} = \frac{380}{\sqrt{3} \times 20}\ A = 11A$$

星形联结时电动机的功率为

$$P = \sqrt{3}\,U_L I_L \cos\varphi = (\sqrt{3} \times 380 \times 11 \times 12/20)\ W = 4.34kW$$

2）三角形联结时电动机的线电流为

$$I_L = \sqrt{3}\,I_P = \sqrt{3}\,\frac{U_P}{|Z|} = \sqrt{3} \times \frac{380}{20}\ A = 32.9A$$

三角形联结时电动机的功率为

$$P = \sqrt{3}\,U_L I_L \cos\varphi = (\sqrt{3} \times 380 \times 32.9 \times 12/20)\ W = 13.0kW$$

 小常识

三相交流电与单相交流电相比，有以下优点：

1）在发电方面：三相交流发电机比相同尺寸的单相交流发电机容量大。

2）在输电方面：如果以同样电压将同样的功率输送到同样距离，三相输电线比单相输电线节省材料。

3）在用电设备方面：三相交流电动机比单相交流电动机具有结构简单、体积小、运行特性好、工作可靠等优点。

课堂练一练

1. 试判断下列结论是否正确。

1）负载作星形联结时，必须有中性线。

2）负载作三角形联结时，线电流必为相电流的 $\sqrt{3}$ 倍。

3）负载作星形联结时，线电流必等于相电流。

2. 为什么三相电源作三角形联结，有一相接反时，电源回路的电压是某一相电压的两倍？试用相量图分析。

3. 三相不对称负载作三角形联结时，若有一相断路，对其他两相工作情况有影响吗？

4. 三相对称负载，无论是星形联结还是三角形联结，只要使电源电压与每相负载额定电压相等，两种情况下有功功率都相同。试分析这种说法是否正确。

2.6　安全用电

随着生活水平的不断提高，人们使用的电气设备日益增加。因此，我们必须懂得一些安全用电的常识和技术，做到正确使用电器，防止人身伤害和设备损坏事故，避免造成不必要的损失。

2.6.1　安全用电概述

1. 电流对人体的伤害

电流对人体的伤害是指由于不慎触及带电体、产生触电事故，使人体受到各种不同的伤害。根据伤害性质可分为电击和电伤两种。

（1）电击　电击是指电流通过人体内部，影响心脏、呼吸和神经系统的正常功能，造成人体内部组织的损坏，甚至危及生命。电击是由电流流过人体而引起的，它造成伤害的严重程度与电流大小、频率，通电的持续时间，流过人体的路径及人体电阻的大小有关。

（2）电伤　电伤是指在电弧的作用下或熔丝熔断时，对人体外部器官的伤害，如烧伤、金属溅伤等。

2. 安全电压

安全电压是指人体较长时间接触带电体而不致发生触电危险的电压。安全电压的额定值为 36V、24V、12V、6V（工频有效值）。当电气设备采用了超过 24V 的安全电压时，应采取防止直接接触带电体的保护措施。注意安全电压不适用于水下等特殊场所以及带电体部分能伸入人体内的医疗设备。

3. 安全用电常识

为防止触电事故，在使用电气设备前要了解一些用电常识：

1）任何电气设备在未确认无电以前应一律认为有电，不要随便接触电气设备，不盲目信赖开关或控制装置，不要依赖绝缘来防范触电。

2）尽量避免带电操作，手湿时更应该禁止带电操作，在必须进行带电操作时，应尽量用一只手工作，并应有人监护。

3）若发现电线、插头损坏应立即更换，禁止乱拉临时电线。如需拉临时电线，应采用橡胶绝缘线，并应有人监护。

4）广播线、电话线应与电力线分杆架设或分别置于马路两边暗埋。

5）电线上不能晾衣物，晾衣物的铁丝也不能靠近电线，更不能与电线交叉搭接或缠绕在一起。

6）不能在架空线路和室外变电所附近放风筝；不得用鸟枪或弹弓来打电线上的鸟；不许爬电杆；不要在电杆、拉线附近挖土；不要玩弄电线、开关、灯头等电气设备。

7）不带电移动电气设备，当将带有金属外壳的电气设备移至新的地方后，要先安装好地线，检查设备完好后，才能使用。

8）移动电器的插座，一般要用带保护接地插孔的插座。不要用湿手去摸灯头、开关和插头。

9）当电线断落在地上时，不可走近。对落地的高压线应离开落地点 8～10m 以上，以免跨步电压伤人，更不能用手去捡。应立即禁止他人通行，派人看守，并通知供电部门前来处理。

4. 触电急救常识

当发现有人触电时，首先要尽快使触电者脱离电源，然后再根据具体情况，采用相应的急救措施。触电者的现场急救，是抢救过程的关键。

（1）脱离电源　触电后，可能由于失去知觉等原因而紧抓带电体，不能自行摆脱电源，使触电者尽快脱离电源是抢救触电者的第一步，也是最重要的一步，是采取其他急救措施的前提，正确的脱离电源的方法有：

1）电源开关或插头离触电地点很近时，可以迅速拉开开关，切断电源，但是要注意，一般灯开关只控制单线，且不一定是相线，因此还要拉开前一级的刀开关。

2）当开关离触电地点较远，不能立即断开时，应视具体情况采取相应措施，如借助绝缘工具将电线挑开或将触电者拖离电线。

（2）急救处理　当触电者脱离电源后，根据具体情况应就地迅速进行救护，同时赶快派人请医生前来抢救。触电者需要急救大体有以下几种情况：

1）触电不太严重，触电者神志清醒，但有些心慌、四肢发麻、全身无力，或触电者曾一度昏迷，但已清醒过来，应使触电者安静休息，不要走动，严密观察并请医生诊治。

2）触电较严重，触电者已失去知觉，但有心跳，有呼吸，应使触电者在空气流通的地方舒适、安静地平躺，解开衣扣和腰带以便呼吸；如天气寒冷应注意保温，并迅速请医生诊治或送往医院。

3）触电相当严重，触电者已停止呼吸，应立即进行人工呼吸；如果触电者心跳和呼吸都已停止，人完全失去知觉，应采用人工呼吸和心脏挤压进行抢救。

2.6.2　接地与接零

1. 保护接地

（1）定义　保护接地就是在变压器的中性点不直接接地的电网中，电气设备的金属外壳和接地装置良好连接。

（2）原理　如图 2-28 所示，当电气设备绝缘损坏，人体触及带电外壳时，由于采用了保护接地，人体电阻和接地电阻并联，此时人体电阻远大于接地电阻，故流经人体的电流远小于流经接地电阻的电流，流经人体的电流在安全范围内，这样就起到了保护人身安全的作用。

2. 保护接零

（1）定义　保护接零就是在变压器中性点直接接地的电网中，电气设备、电气设备金属外壳与零线作可靠连接。

（2）原理　低压系统电气设备采用保护接零后，当有电气设备发生单相碰壳故障时，会形成一个单相短路回路。由于短路电流极大，使熔丝快速熔断，保护装置动作，从而迅速地切断电源，防止了触电事故的发生。保护接零原理图如图 2-29 所示。

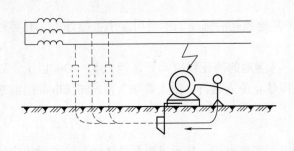

图 2-28　保护接地原理图

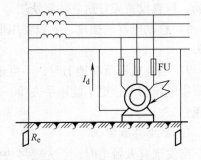

图 2-29　保护接零原理图

（3）注意事项

1）保护零线上不准装设熔断器。

2）保护接地线或接零线不能串联。

3）在保护接零方式中，将零线的多处通过接地装置与大地再次连接，称为重复接地。保护接零回路的重复接地使保护接地系统可靠运行，可防止零线断线失去保护作用。

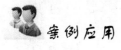

电气工程事故案例

——接地保护线烧伤人

1. 事故经过

1994 年 4 月 6 日下午 3 时许，某厂 671 变电站运行值班员接班后，312 油断路器（俗称油开关）大修负责人提出申请要结束检修工作，而值班长临时提出要试合一下 312 油断路器上方的 3121 隔离刀开关，检查该刀开关贴合情况。于是，值班长在没有拆开 312 油断路器与 3121 隔离刀开关之间的接地保护线的情况下，擅自摘下了 3121 隔离刀开关操作把柄上的"已接地"警告牌和挂锁，进行合闸操作。突然"轰"的一声巨响，强烈的弧光迎面扑向蹲在 312 油断路器前的大修负责人和实习值班员，2 人被弧光严重灼伤。

2. 原因分析

本来 3121 隔离刀开关高出人头约 2m，而且有铁柜遮挡，其弧光不应烧着人，可为什么却把人烧伤了呢？原来，烧伤人的电弧光不是 3121 隔离刀开关的电弧光，而是两根接地线烧坏时产生的电弧光。两根接地线是裸露铜丝绞合线，操作员用卡钳卡住连接在设备上时，致使一股线接触不良，另一股绞合线还断了几根铜丝。所以，当违章操作时，强大的电流造成短路，不但烧坏了 3121 隔离刀开关，而且其中一股接地线接触不良处振动脱落发生强烈电弧光，另一股绞合线铜丝断开处发生强烈电弧光，两股接地线瞬间弧光特别强烈，严重烧伤近处的 2 人。

造成这起事故的原因是临时增加工作内容并擅自操作，违反基本操作规程。

3. 事故教训和防范措施

1）交接班时以及交接班前后一刻钟内一般不要进行重要操作。

2）将警示牌"已接地"换成更明确的表述："已接地，严禁合闸"。严格遵守规章制度，绝对禁止带地线合闸。

3）接地保护线的作用就在于，当发生触电事故时起到接地短路作用，从而保证人不受到伤害。所以，接地线质量要好，容量要够，连接要牢靠。

技能训练三　荧光灯电路接线与测量

一、训练目的

1. 掌握荧光灯电路的安装接线方法。
2. 了解提高电路功率因数的意义和方法。
3. 培养安全用电意识及按规程操作的意识。

二、训练所用仪器与设备

1. 电工技术技能训练台　　　　　　　　　　　　　　　　1 台

2．单相调压器　　　　　　　　　　　　　　　　　　　　　　　　1 台
3．交流电流表　　　　　　　　　　　　　　　　　　　　　　　　1 只
4．万用表　　　　　　　　　　　　　　　　　　　　　　　　　　1 只
5．单相功率表　　　　　　　　　　　　　　　　　　　　　　　　1 只
6．荧光灯　　　　　　　　　　　　　　　　　　　　　　　　　　1 块
7．单刀开关　　　　　　　　　　　　　　　　　　　　　　　　　2 只
8．测量电流用插头　　　　　　　　　　　　　　　　　　　　　　1 只

三、训练内容与步骤

1．荧光灯的接线

（1）检查荧光灯组件　用万用表欧姆挡检查镇流器、灯管是否开路，辉光启动器、镇流器是否短路。更换不合格的配件。

（2）接线　断开调压器的输入电源。按图 2-30 所示的荧光灯电路接线。接线前插上灯管，检查灯座接触是否良好，排除灯座接触不良的故障。将调压器手柄置于零位，合上开关 S_1（荧光灯起辉电流较大，起辉时用单刀开关将功率表的电流线圈短路，防止仪表损坏），断开电容器支路开关 S_2。

（3）试通电　经同学及老师检查，确认接线无误后，合上调压器输入电源，转动调压器手轮，逐步升高其输出电压，观察辉光启动器的起辉和灯管的点亮过程。如出现故障，断电进行故障检查，排除故障。

2．数据测量

荧光灯点亮后，将调压器的输出电压调到荧光灯的额定电压 220V，使荧光灯正常工作，断开 S_1，测量电压 U、U_L、U_R，电流 I_L 及功率 P，记入表 2-1 中。测量电流时，先选择好电流量程，再接好测量电流用插头，将该插头插入相应的插孔，即将电流表串入该支路。

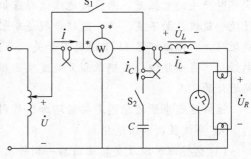

3．功率因数的提高

维持电源电压 U 为 220V 。合上电容支路开　　　　　图 2-30　荧光灯电路
关 S_2，逐渐增大电容 C，使电路由感性变到容性。每改变电容一次，测出荧光灯电路各电压 U、U_L、U_R，各电流 I_L、I_C、I 及电路的功率 P，记入表 2-1 中。

表 2-1　荧光灯电路测量

项　　目	测　量　数　据							计算数据
	U	C	U_L	U_R	I	I_L	I_C	P	$\cos\varphi$
不接电容器		—							
C 较小，电路感性									
C 较大，电路感性									
C 较大，电路容性									

四、问题讨论

1）根据测量数据说明，对感性电路并联电容提高功率因数而言，是否并联的电容越大

越好？

2）并联电容提高功率因数后，荧光灯灯管支路的电压、电流与功率是否改变？为什么？电路的总电流如何变化？电路的功率有没有变化？

技能训练四　三相照明电路

一、训练目的

1. 熟悉三相负载作星形（丫）和三角形（△）联结时的接线方法。
2. 验证三相对称电路的线电压和相电压、线电流和相电流的关系。
3. 了解三相四线制电路中中性线的作用。

二、训练所用仪器与设备

1. 电工技术技能训练台	1 台
2. 交流电压表（或万用表）	1 只
3. 交流电流表	1 只
4. 三相自耦调压器	1 台

三、训练内容与步骤

1. 三相负载的星形（丫）联结

1）按图 2-31 接线，经检查无误后，合上电源开关进行操作。合 S_4、S_5，测量对称负载在有中性线（S_6 接通）和无中性线（S_6 断开）时的线电压、线电流、相电压、相电流及两中性点间电压（无中性线时）、中性线电流（有中性线时）的值，记入表 2-2 中。

2）断开 S_4（U 相少一盏白炽灯），测量不对称负载在有中性线和无中性线两种情况下的各电压及电流值，记入表 2-2 中。

3）将 U 相负载全部断开（U 相开路），在有中性线和无中性线两种情况下，测量各电压及电流值，记入表 2-2 中，并观察在有中性线和无中性线时对各白炽灯亮度的影响。

2. 三相负载的三角形（△）联结

1）按图 2-32 接线，仔细检查电路。接通电源后，分别测量负载对称和不对称两种情况下的线电压、线电流、相电流的值，记入表 2-3 中，观察白炽灯亮度是否变化。

2）将 U 相负载全部断开，重新测量各电压、电流的值，记入表 2-3 中。

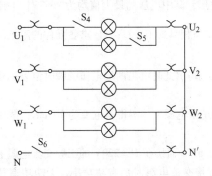

图 2-31　三相负载的星形联结

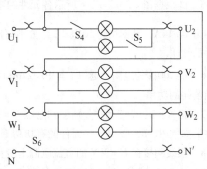

图 2-32　三相负载的三角形联结

表 2-2　三相负载星形联结测量数据

测量项目		U_{UV}	U_{VW}	U_{WU}	U_U	U_V	U_W	I_U	I_V	I_W	$U_{NN'}$	I_N
有中性线	负载对称											—
	负载不对称											—
	U 相开路											—
无中性线	负载对称										—	
	负载不对称										—	
	U 相开路										—	

表 2-3　三相负载三角形联结测量数据

测量项目	U_{UV}	U_{VW}	U_{WU}	I_U	I_V	I_W	I_{UV}	I_{VW}	I_{WU}
负载对称									
负载不对称									
U 相开路									

四、注意事项

1）本次训练中，操作次数较多，要注意正确接线，特别是从星形联结换接成三角形联结时，一定要将中性线从训练板上拆除，以免发生电源短路。在换接线路时，应先断开电源。操作时间较长后，白炽灯发热较厉害，要注意防止烫伤。

2）训练中应根据电路情况选择适当的仪表量限。

3）训练时，线电压调至 200V。

习　题　二

2-1　已知某正弦电压 $u = 200\sin（100\pi t - 150°）$ V。1）试求该正弦电压的频率、周期、角频率、幅值、有效值及初相位；2）试求该正弦电压在 $t = 5$ ms 时的瞬时电压；3）画出该正弦电压的波形图。

2-2　已知正弦电流 $i_1 = 10\sin（314t - 20°）$ mA，$i_2 = 5\sin（314t + 30°）$ mA。1）试求 i_1 与 i_2 的相位差；2）说明 i_1 与 i_2 哪个超前、哪个滞后；3）若 $i_3 = 5\sin（628t + 30°）$ mA，则 i_3 与 i_2 是否同相？

2-3　已知复数 $A = 8 - j6$，$B = -6 + j8$，试求：1）$A + B$；2）$A - B$；3）AB；4）A/B。

2-4　已知正弦量 $\dot{I} = （-4 - j3）$A，频率为工频，试分别用正弦量表达式、正弦波形及相量图表示。

2-5　试根据图 2-33a、b、c 所示各元件的电压、电流波形，其中电压的最大值均为 70.7V，电流的最大值均为 14.14A，频率均为 50Hz。1）分别写出解析式 u、i 与相量式 $\dot{U}$、$\dot{I}$；2）求各元件的阻抗，并说明元件的性质。

2-6　在 100Ω 的电阻上通以 $i = 10\sqrt{2}\sin 314t$ mA 的电流，写出此时电阻两端电压的瞬时值表达式，并求电阻消耗的功率。

2-7　将 R、L、C 三元件分别接到电压 $U = 110$V 的工频正弦电源上，测得的电流为 200mA，试求：1）各元件的参数 R、L、C；2）各元件的有功功率与无功功率。

2-8　某线圈接在 $U = 36$V 的直流电源上测得的电流 $I = 0.6$A，而接在 $U = 220$V 的工频交流电源上测得的电流 $I = 2.2$A，试求：1）该线圈的参数 R、L；2）该线圈接交流电源时的有功功率、无功功率及视在功率。

2-9　在图 2-15 b 所示 RLC 串联电路中，$\dot{U} = 380 \underline{/0°}$ V，$f = 100$Hz，$R = 30Ω$，$L = 223$mH，$C = 80\mu$F，试

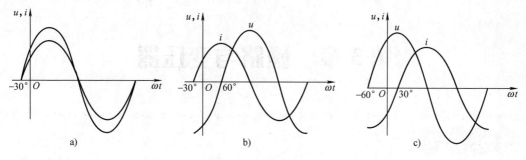

图 2-33　习题 2-5 图

求：1）i、u_R、u_L、u_C；2）P、Q、S、$\cos\varphi$；3）画出各电压、电流的相量图。

2-10　在一感性负载上，加上 50Hz、220V 的交流电压，其功率为 2.2kW，功率因数 $\cos\varphi_1 = 0.6$。1）若在此负载上并联一个 $C = 80\ \mu F$ 的电容，问电路的功率因数有何变化？2）若要将功率因数提高到 0.9，则应并联多大的电容？

2-11　某对称三相电源作星形联结时，$\dot U_{WU} = 380\ \underline{/60°}\ V$，试写出其余各相电压与线电压的相量表示式。

2-12　图 2-34 所示电路中的电流表在正常工作时的读数是 26A，电压表读数是 380V。试求在下列各种情况下各相负载电流。

1）正常工作；

2）U、V 相负载断路；

3）相线 U 断路。

2-13　已知一三相对称负载，每相负载的电阻 $R = 3\Omega$，感抗 $X_L = 4\Omega$，三相电源的线电压为 380V，试分别计算负载作三角形和星形联结时，总的三相有功功率、无功功率和视在功率。

2-14　三相对称负载作星形联结，已知电源的线电压为 380V，测得其线电流为 10A，三相电路的总有功功率为 5.66kW。问该三相负载的功率因数是多少？若将负载作三角形联结，则有功功率有何变化？

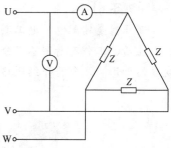

图 2-34　习题 2-12 图

第3章 磁路与变压器

◇熟悉磁路的基本物理量和定律；了解铁磁材料的磁性能。
◇掌握变压器的基本结构和工作原理。
◇了解变压器的额定值。
◇掌握特殊变压器的种类、用途与使用方法。

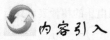

变压器是输配电、电工测量和电子技术方面不可缺少的电气设备。变压器与我们的生产、生活、工作有着密不可分的关系。变压器在工作时有电的连接还有磁的联系。图 3-1 是变压器外形。本章将介绍磁路和变压器的相关知识。

图 3-1　变压器外形

3.1　磁路基本概念

3.1.1　磁场的基本物理量

1. **磁感应强度**

磁感应强度是用来表示磁场内某点磁场的强弱和方向的物理量，它是一个矢量，用 B 表示。国际单位制中，磁感应强度的单位是特斯拉（T），简称特。若在磁场中的一点垂直于磁场方向放置一段长为 l、通有电流 I 的导体，其受到的电磁力为 F，则该点磁感应强度的大小为

$$B = \frac{F}{Il}$$

2. 磁通

在磁场中，磁感应强度与垂直于磁场方向的面积的乘积，称为通过该面积的磁通，用字母 Φ 表示。磁通的单位是韦伯（Wb），简称韦。

对于匀强磁场，若面积 A 垂直于磁场方向，则

$$\Phi = B\,A \qquad\qquad (3-1)$$

式（3-1）还可以写成 $B = \Phi/A$，B 表示穿过单位面积的磁通，即磁通密度。由此可见，某一点的磁感应强度就是该点的磁通密度。

磁通具有连续的特性，穿进某一闭合面的磁力线总数一定等于穿出它的磁力线的总数。也就是说穿入的磁通等于穿出的磁通，磁力线是无头无尾的闭合回线。

3. 磁导率

磁导率是一个用来表示物质导磁性能的物理量，通常用 μ 表示，对于不同的物质有不同的 μ。磁导率的单位为亨利/米（H/m），真空的磁导率用 μ_0 表示。

$$\mu_0 = 4\pi \times 10^{-7} \text{ H/m}$$

任意一种磁介质的磁导率（μ）与真空磁导率（μ_0）的比值称为相对磁导率，用 μ_r 表示，即

$$\mu_r = \frac{\mu}{\mu_0} \qquad\qquad (3-2)$$

4. 磁场强度

磁场强度是计算磁场的一个物理量，用字母 H 表示。磁场强度仅表示电流在某点产生磁场的强弱，与磁介质的导磁性能无关。

某点的磁场强度矢量的大小等于该点磁感应强度的数值除以该点的磁导率，而方向与该点的磁感应强度相同。即

$$H = \frac{B}{\mu} \qquad\qquad (3-3)$$

磁场强度的单位是安/米（A/m）。

3.1.2　磁路的基本定律

1. 磁路

一般地说，磁路是磁通分布集中的路径。工程上为了得到较强的磁场并有效地加以运用，常采用导磁性能良好的铁磁材料做成一定形状的铁心，使磁场集中分布于主要由铁心构成的闭合路径内，这样的路径才是电工技术中所要讨论的磁路。几种常见电气设备的磁路如图 3-2 所示。图中的磁通可以由励磁线圈中的励磁电流产生，也可以由永久磁铁产生。磁路中可以有气隙，如图 3-2b、c、d 所示；也可以没有气隙，如图 3-2a 所示。

2. 磁路欧姆定律

图 3-3 为某铁磁物质构成的无分支磁路。磁路中的磁通由线圈电流所产生。设铁心截面积 A 处处相同，平均磁路长度为 l（即铁心几何中心线长度），且 l 远比横截面的直径大得多，则可认为磁通在横截面上是均匀分布的。因此，铁心内任一点的磁感应强度 $B = \Phi/A$，各点磁场强度的大小相等，则有

$$Hl = \frac{B}{\mu}l = \frac{\Phi}{A\mu}l$$

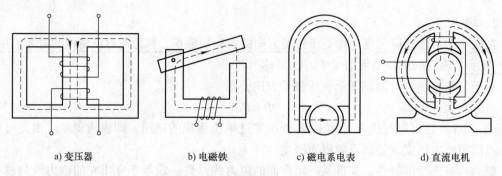

| a) 变压器 | b) 电磁铁 | c) 磁电系电表 | d) 直流电机 |

图 3-2　几种常见电气设备的磁路

由此可得

$$\Phi = \frac{Hl}{\frac{l}{\mu A}} = \frac{F}{R_m} \qquad (3-4)$$

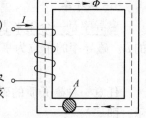

图 3-3　无分支磁路

式中，$F = Hl$ 为某段磁路长度与其磁场强度的乘积，称为磁通势，磁通就是由它产生的，其单位为安（A）；而 $R_m = l / (\mu A)$，称为该段磁路的磁阻。显然，磁阻与磁路尺寸及磁路材料有关。

式（3-4）与电路的欧姆定律相似，其中磁通 Φ 与电路中的电流相对应，磁通势与电动势对应，磁阻公式又与电阻公式 $R = l / (\gamma A)$ 对应，磁导率 μ 与电导率 γ 相对应。因此，式（3-4）又称为磁路欧姆定律。

3.1.3　铁磁材料的磁性能

根据导磁性能的好坏，自然界中的物质可分为两大类：一类是导磁性能良好的铁磁材料，如铁、钴、镍以及它们的合金；另一类是导磁性能差的非铁磁材料，如金、银、铜、铋、铝、空气及石墨等。

1. 铁磁材料的磁导率

真空的磁导率 $\mu_0 = 4\pi \times 10^{-7}$ H/m，是一个常数；铁磁材料的磁导率 μ 远大于 μ_0，且随磁场强度的变化而变化，它们可以达到几百、几千、甚至几万；非铁磁材料的 μ 接近于 μ_0，在工程上，除了铁磁材料外，其余物质的磁导率都认为是 μ_0。

由于铁磁材料具有高导磁性能，且磁阻小，易使磁通在其中通过，所以往往利用它来做磁路，以提高效率，减小电磁设备的体积、重量。

2. 磁化曲线及磁饱和

铁磁材料的磁性能一般用磁化曲线（$B—H$ 曲线）表示，如图 3-4 所示。

由图 3-4 可知，对铁磁材料来说，当外磁场变化时，B 随 H 发生变化；开始时 B 随 H 增长较慢（Oa 段），过 a 点后 B 迅速上升（ab 段），在 bc 段 B 上升减慢，c 点过后，B 几乎不再增加。B 不随 H 增长的现象称为磁饱和。

由此可见，铁磁材料具有磁饱和的特性。

3. 磁滞回线

铁磁材料还具有磁滞特性。如图 3-5 所示，当 H 从零开始增加时，B 从零点随 H 增加，如图 3-5 中的 Oa 段，当 H 增加到 H_m 点，即 B 饱和后，将 H 减小，这时 B 并没有沿原曲线下降，而是沿 ab 段下降；当 H 减小到零时，B 等于 B_r 并不为零，说明此时铁磁材料仍保留了一部分磁性，这一现象称为<u>铁磁材料的剩磁特性</u>。

只有加上一定大小的反向磁场 H_c 时，才能使 B 降为零，这时铁磁材料的磁性才消失，称 H_c 为矫顽磁力。当 H 反向增长到 $-H_m$ 后，将它减小到零，再正向增加到 H_m，这时 B 将沿 $defa$ 回到 a 点，形成一闭合回路 $abcdefa$，该回路称为磁滞回线。

由磁滞回线得知，<u>铁磁材料在磁化过程中，其磁感应强度 B 的变化总是滞后外磁场强度 H 的变化，这一现象称为磁滞现象</u>。

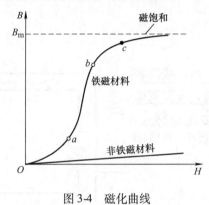

图 3-4　磁化曲线

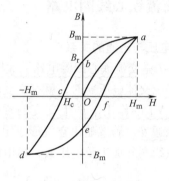

图 3-5　铁磁材料的磁滞特性

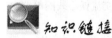

电流的磁效应

18 世纪，一些有趣的现象引起了科学家的注意，一名英国商人发现雷电过后，他的一箱新刀叉竟有了磁性。富兰克林也在实验中发现，在莱顿瓶放电后，附近的缝衣针被磁化了。电真能产生磁吗？许多人进行过实验研究，但是在稳定的电源发明之前，这类实验是不可能获得成功的。当时的一些科学家曾经预言：电和磁在本质上没有联系。

19 世纪，随着对摩擦生热等现象认识的深入，自然界各种运动之间存在着广泛联系的思想逐渐在科学界形成。除了表面上的一些相似性之外，电和磁之间是否还存在着更深刻的联系？一些科学家相信，答案是肯定的。在实验中寻找这种联系，就成为他们的探索目标。后来，丹麦物理学家奥斯特（见图 3-6）首先获得成功。

图 3-6　奥斯特

我们知道，静止的电荷只能产生电场，不能产生磁场。那么，运动的电荷，也就是电流，能不能产生磁场？1820 年，奥斯特发现：将一根导线平行地放在磁针的上方，给导线通电时，磁针发生了偏转，就好像磁针受到磁铁的作用一样。这说明不仅磁铁能产生磁场，<u>电流也能产生磁场，这个现象称为电流的磁效应</u>。

电流磁效应的发现，用实验展示了电与磁的联系，说明电与磁之间存在着相互作用，这对电与磁研究的深入发展具有划时代的意义，也预示了电力应用的可能性。

课堂练一练

1. 用来定量描述磁场中各点的强弱和方向的物理量称为（　　）。

A. 磁场强度　　　B. 磁感应强度　　　C. 磁通量　　　D. 磁导率

2. 用来描述磁场在空间分布情况的物理量是（　　）。

A. 磁场强度　　　B. 磁感应强度　　　C. 磁通量　　　D. 磁导率

3. 用来表征介质磁化性质的物理量是（　　）。

A. 磁场强度　　　B. 磁感应强度　　　C. 磁通量　　　D. 磁导率

3.2　交流铁心线圈电路

3.2.1　电压与磁通的关系

图 3-7 是交流铁心线圈电路，线圈的匝数为 N，当在线圈两端加上正弦交流电压 u 时，就有交变励磁电流 i 流过，在交变磁通势 $F = Ni$ 的作用下产生交变的磁通，其绝大部分通过铁心，称为主磁通 Φ。若忽略由空气形成闭合路径的漏磁通 Φ_S 和线圈电阻，设线圈外加正弦电压 u，由电磁感应定律有

$$u = N\frac{d\Phi}{dt}$$

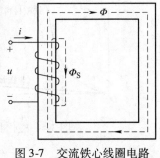

图 3-7　交流铁心线圈电路

可知 Φ 也是按正弦规律变化的，设 $\Phi = \Phi_m \sin\omega t$，则有

$$U = 4.44fN\Phi_m \qquad (3-5)$$

由此可知，铁心线圈加上正弦电压后，在线圈匝数 N、外加电压 U 及频率 f 固定时，铁心中的磁通最大值将保持基本不变。这个结论对于分析交流电机、变压器的工作原理是十分重要的。

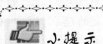

左手定则和右手定则

1. 左手定则

左手定则用于判断通电导体在磁场中受到力的方向。如图 3-8a 所示，将左手放入磁场中，让磁力线垂直穿入手心，四指指向电流所指方向，则大拇指的指向就是导体受力的方向。

2. 右手定则

右手定则用于判断运动的导线切割磁力线时，感应电动势的方向。如图 3-8b 所示，伸开右手，让磁力线垂直穿入手心，大拇指所指的方向为导线运动方向，四指指向即是感应电动势的方向。

左手定则和右手定则的比较见表 3-1。

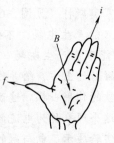 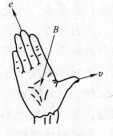

a) 左手定则　　　　b) 右手定则

图 3-8　左手定则与右手定则

表 3-1　左手定则和右手定则的比较

比较项目	左手定则	右手定则
作用	判断通电导体所受磁场力的方向	判断感应电动势方向
已知条件	电流方向和磁场方向	切割运动方向和磁场方向
前提条件	有磁场	
因果关系	通电→运动	运动→发电
应用实例	电动机	发电机

3.2.2　铁心中的功率损耗

铁心线圈的功率损耗包括：线圈电阻的功率损耗 I^2R（又称铜损），以及铁心中的损耗（又称铁损）。铁损包括磁滞损耗和涡流损耗两部分。

1．磁滞损耗

当铁心线圈加上交变电压时，铁磁材料沿磁滞曲线交变磁化，且磁化时磁场吸收的能量大于去磁时返回电源的能量，其差额就是磁滞现象引起的能量损耗，称为磁滞损耗。

磁滞损耗与铁磁材料的磁滞回线所包围的面积成正比，磁滞损耗主要表现为铁心发热。为了减小磁滞损耗，交流铁心应选用磁滞损耗较小的软磁材料制成。

2．涡流损耗

交变的电流通过铁心线圈时，产生交变的磁场，而交变的磁场在铁心中产生闭合的旋涡状感应电流，该电流称为涡流，如图 3-9a 所示。由涡流引起的功率损耗称为涡流损耗。

涡流对电机、变压器等设备的工作会产生不良影响，它不仅消耗了电能，使电气设备的效率降低，而且使电气设备中的铁心发热、温度升高，影响电气设备的正常运行。为了减小涡流损耗，常选用表面绝缘的硅钢片拼叠成铁心，如图 3-9b 所示。由于硅钢片具有较大的电阻率和较高的磁导率，可以使铁心电阻增大，涡流减小，从而大大减小涡流损耗。

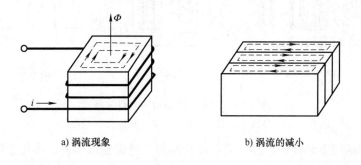

a) 涡流现象　　　　　　　　　　b) 涡流的减小

图 3-9　涡流损耗

课堂练一练

1. 通电导体在磁场中受到力的方向由（　　）判定。

A．右手螺旋定则　　　　B．右手定则　　　　C．左手定则　　　　D．楞次定律

2. 导体切割磁力线所产生的感应电动势的方向，可用（　　　）判定。

A. 右手螺旋定则　　　B. 右手定则　　　C. 左手定则　　　D. 楞次定律

3.3 变压器

变压器是一种常用的电气设备，它可以将某一数值的交变电压变换为同频率的另一数值的交变电压，在电力系统和电子线路中得到了广泛应用。

3.3.1 变压器的分类与结构

1. 变压器的分类

1）按相数分，变压器分为单相变压器、三相变压器和多相变压器。

2）按冷却方式分，变压器分为干式变压器和油浸式变压器。

3）按用途分，变压器分为电力变压器、仪用变压器、试验变压器和隔离变压器等。

4）按绕组形式分，变压器分为双绕组变压器、三绕组变压器和自耦变压器。

5）按铁心形式分，变压器分为铁心式变压器、非晶合金变压器和铁壳式变压器等。

2. 变压器的结构

（1）铁心　铁心是变压器中的磁路部分，分为铁心柱和铁轭两部分，铁心柱上绕有绕组，连接各铁心柱形成闭合磁路的部分叫铁轭。变压器按铁心结构分为两种：心式和壳式。变压器的结构与电路符号如图3-10所示。

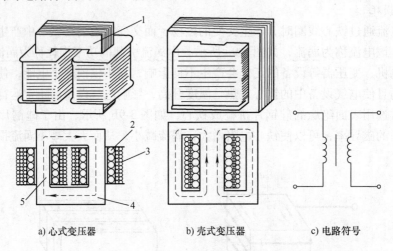

a) 心式变压器　　　　　b) 壳式变压器　　　　　c) 电路符号

图 3-10　变压器的结构与电路符号

1，4—铁轭　2—低压绕组　3—高压绕组　5—铁心柱

心式变压器的绕组环绕铁心柱，它的结构简单，绝缘也较容易，多用于容量大的变压器中。壳式变压器则是铁心包围着绕组，多用于小容量变压器中。变压器的铁心大多用0.35~0.5mm厚的硅钢片交错叠装而成。

（2）绕组　绕组（也称线圈）是变压器的电路部分。变压器和电源相连的绕组称为一次绕组（又称一次侧），其匝数为 N_1；和负载相连的绕组称为二次绕组（又称二次侧），其匝数为 N_2。绕组与绕组及绕组与铁心之间都是互相绝缘的。一次绕组和二次绕组之间虽然是绝缘的，但二者共用同一磁路。

3.3.2　变压器的工作原理

现以具有两个绕组的单相变压器为例来讨论变压器的工作原理。

1. 变压器的电压变换（变压器空载运行）

变压器的一次绕组接在额定电压的交流电源上，二次侧开路（不接负载），这种运行方式称为空载运行。变压器空载运行原理图如图 3-11 所示。

下标 1 表示一次绕组上的物理量，下标 2 表示二次绕组上的物理量，下标 0 表示空载。图中所标 u_1 为一次绕组电压即电源电压，u_{20} 为空载时二次侧输出电压；N_1 和 N_2 分别为一次绕组和二次绕组的匝数。

一次绕组加上正弦电压 u_1 后，一次绕组中便有交变电流 i_0 通过，i_0 称为空载电流。空载电流通过一次绕组在铁心中产生正弦交变的磁通，大部分沿铁心闭合，且同时与一次侧、二次侧交链，称为主磁通 Φ，但另外还有很少的一部分磁通沿一次绕组周围的空间闭合，不与二次侧相交链，称为漏磁通 Φ_{S1}。忽略漏磁通和一次绕组 R_1 上的压降，在理想状态下，由式（3-5）可知一、二次电压有效值为

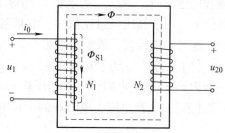

图 3-11　变压器空载运行原理图

$$\begin{cases} U_1 = 4.44fN_1\Phi_m \\ U_2 = 4.44fN_2\Phi_m \end{cases} \qquad (3\text{-}6)$$

由式（3-6）可知，由于一、二次绕组的匝数不同，使得 U_1 和 U_2 不相等，两者之比为

$$\frac{U_1}{U_2} = \frac{N_1}{N_2} = K_u \qquad (3\text{-}7)$$

式中，K_u 为变压器的电压比，亦称一、二次侧的匝数之比。

由式（3-7）可知，当 $N_1 > N_2$ 时，$K_u > 1$，这种变压器为降压变压器；当 $N_1 < N_2$ 时，$K_u < 1$，则为升压变压器，即只要改变变压器中一、二次绕组的匝数比，就能实现变换电压的目的。对于已制成的变压器，其电压比 K_u 为定值，此时二次电压随一次绕组电压的变化而变化。

　注意

一次电压必须为额定值，如果超过额定电压，则铁心中的 $B-H$ 曲线进入饱和点后，Φ_m 随电压的增大，将导致磁通势的剧烈增大，而引起一次电流过高，损坏变压器。

2. 变压器的电流变换（变压器有载运行）

变压器一次绕组加上额定正弦交流电压 u_1，二次侧接上负载 Z_2 的运行，称为有载运行。变压器有载运行原理图如图 3-12 所示。

变压器有载运行时，二次电压 u_2 将在绕组中产生电流 i_2，使一次绕组中的电流由 i_0 增大到 i_1。这时 U_2 稍有下降，这是因为有了负载，i_1、i_2 增大后，一、二次绕组内部的电压降也要比空载时增大，二次电压 U_2 会比 U_{20} 低一些。但一般变压器内部的电压降小于额定电压

的 10% 。

忽略变压器一、二次绕组的电阻，铁心损耗和漏磁通，则变压器输入、输出视在功率相等，即 $U_1 I_1 = U_2 I_2$ 。由此可得一、二次电流有效值的关系为

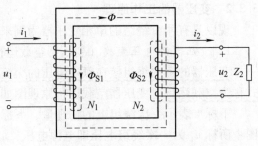

$$\frac{I_1}{I_2} = \frac{U_2}{U_1} = \frac{N_2}{N_1} = \frac{1}{K_u} = K_i \qquad (3\text{-}8)$$

式中，K_i 称为变压器的电流比。可见，在变压器额定运行时，一、二次电流之比等于电压比

图 3-12　变压器有载运行原理图

的倒数。由于高压绕组匝数多，它所通过的电流小，绕组线径可细些；低压侧的绕组匝数少，通过的电流大，线径必须粗些。

【例 3-1】　一台降压变压器，一次电压 $U_1 = 10\text{kV}$，二次电压 $U_2 = 220\text{V}$；如果二次侧接一台 $P = 25\text{kW}$ 的电阻炉，求变压器一、二次电流。

【解】　二次电流为电阻炉的工作电流，即

$$I_2 = \frac{P}{U_2} = \frac{25 \times 10^3}{220} \text{A} = 114\text{A}$$

由电压比和电流比关系可得

$$K_i = \frac{1}{K_u} = \frac{U_2}{U_1} = \frac{220}{10000} = 0.022$$

由此可得一次电流 I_1 为

$$I_1 = K_i I_2 = 0.022 \times 114 \text{ A} = 2.51\text{A}$$

显然，10kV 供电回路电流较小，线路压降大大减小，因而可减小输电线线径，降低输电成本。

3. 变压器的阻抗变换

变压器除了能起变换电压和电流的作用外，它还能变换负载阻抗。

在电子线路中，常常利用变压器变换阻抗的作用来实现阻抗匹配。图 3-13 所示为阻抗变换示意图。

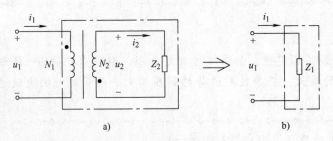

a)　　　　　　　　　　　　　　　b)

图 3-13　阻抗变换示意图

分别从变压器的一次侧、二次侧来看，阻抗 $|Z_1|$、$|Z_2|$ 为

$$|Z_1| = \frac{U_1}{I_1} \qquad |Z_2| = \frac{U_2}{I_2}$$

综合式（3-7）、式（3-8）可得

$$\frac{|Z_1|}{|Z_2|} = \frac{U_1}{I_1} \frac{I_2}{U_2} = (\frac{N_1}{N_2})^2 = K_u^2 \ \text{或} \ |Z_1| = K_u^2 |Z_2| \tag{3-9}$$

式（3-9）表明，负载阻抗 $|Z_2|$ 反射到一次侧应乘以 K_u^2，这就起到了阻抗变换的作用。通过选择合适的电压比 K_u，可将实际负载阻抗变换为所需的值，从而获得阻抗匹配。

3.3.3　变压器的损耗和效率

实际运行时，变压器是不能将从电网吸收的功率全部传递给负载的，因为在运行时变压器本身存在损耗，损耗分为铁损和铜损：铁损是交变的主磁通在铁心中产生的磁滞损耗和涡流损耗之和，近似地与 B_m^2 或 U_1^2 成正比，空载和负载时铁心中的主磁通不变，故铁损基本不变。铜损是一、二次电流通过该绕组电阻所产生的损耗，由于绕组中的电流随负载变化，所以铜损是随负载变化的。

变压器的输入功率与输出功率之差就是其本身的总损耗，即

$$P_1 - P_2 = P_{损耗}$$

输出功率与输入功率之比称为变压器的效率，通常用百分比表示，即

$$\eta = \frac{P_2}{P_1} \times 100\% = \frac{P_2}{P_2 + P_{损耗}} \times 100\%$$

变压器空载时，P_2 为 0，P_1 并不为 0，所以 η 为 0。一般小型变压器满载时的效率为 80%~90%，大型变压器满载时的效率可达 98%~99%。

3.3.4　变压器的铭牌

为了使变压器能正常运行，制造厂在变压器外壳上的铭牌上标出额定值和型号，它是选择和使用变压器的依据。铭牌一般由两部分组成：前一部分用汉语拼音字母表示，后一部分用数字组成。前者表示特性和性能，后者表示额定值。如 S—200/10，S 表示三相，200 表示额定容量为 200kV·A，10 表示高压绕组的额定电压为 10kV。

和其他电器一样，每台变压器在产品铭牌上都附有额定数据，这些数据是正确使用变压器的依据。

1. 一次侧的额定电压 U_{1N}

U_{1N} 是指加到一次侧上的电压额定值。

2. 二次侧的额定电压 U_{2N}

U_{2N} 是指一次电压为额定值时，二次侧两端的空载电压值。

3. 一次侧的额定电流 I_{1N}

I_{1N} 是指变压器在额定条件下一次侧中允许长期通过的最大电流。

4. 二次侧的额定电流 I_{2N}

I_{2N} 是指变压器在额定情况下二次侧中长期允许通过的最大电流。

5. 额定容量 S_N

S_N 是指二次侧的额定电压与额定电流的乘积，即二次侧的额定视在功率。

6. 额定频率 f_N

我国额定工业频率为 50Hz。

7. 温升

温升是指变压器在额定工作条件下，允许超出周围环境温度的值，取决于变压器所用的绝缘材料的等级。

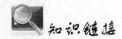

知识链接

干式变压器

电力变压器是电力系统中供电的主要设备，一般分为油浸式和干式两种。目前油浸式变压器用作升压变压器、降压变压器、联络变压器和配电变压器等；干式变压器特别是低损或节能型的，已获得越来越广泛的应用。

干式变压器是指铁心和绕组不浸渍在绝缘油中的变压器，它是依靠空气对流进行冷却的变压器，一般用于局部照明、电子线路、机械设备等场合，在电力系统中，一般锅炉变压器、除尘变压器、脱硫变压器等都是干式变压器，电压比通常为 6000V/400V 和 10kV/400V，用于带额定电压 380V 的负载。

干式变压器因没有油，也就没有火灾、爆炸、污染等问题，故电气规范、规程等均不要求干式变压器置于单独房间内。损耗和噪声降到了新的水平，更为变压器与低压屏置于同一配电室内创造了条件。

我国树脂绝缘干式变压器年产量已达 10000MV·A，成为世界上干式变压器产销量最大的国家之一。干式变压器现已被广泛用于电站、工厂、医院等几乎所有电气领域。随着低噪（2500kV·A 以下配电变压器噪声已控制在 50dB 以内）、节能（空载损耗降低达 25%）的 SC（B）9 系列的推广应用，目前我国干式变压器的性能指标及其制造技术已达到世界先进水平。

3.3.5　特殊变压器

下面介绍几种具有特殊用途的变压器。

1. 自耦变压器

图 3-14 所示是一种自耦变压器，其结构特点是二次绕组是一次绕组的一部分。

自耦变压器是将一、二次侧合成为一个绕组，此时低压绕组是高压绕组中的一部分，两个绕组之间不仅有磁的耦合，而且在电路上是直接连通的。

低容量的自耦变压器，二次侧的抽头 a 常做成沿绕组自由滑动的触点，如图 3-15 所示。这种自耦变压器的二次电压可以平滑调节，称为调压器，常用于调节实验中所需电压，要注意使用完毕，需将手轮逆时针旋到底，使输出电压为零。

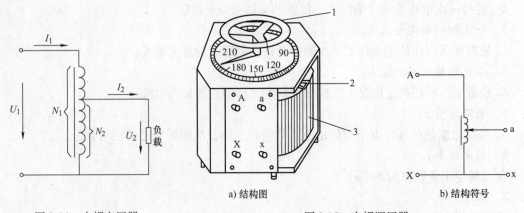

a) 结构图　　　　　　　　　　　　b) 结构符号

图 3-14　自耦变压器　　　　　　　　　　图 3-15　自耦调压器

1—手轮　2—滑动触点　3—绕组

归纳

自耦变压器具有结构简单、节省用铜量、效率比一般变压器高等优点，但这些优点只有在变压器电压比不大的情况下才有意义。它的缺点是一次侧、二次侧电路有电的联系，不能用于电压比较大的场合（一般不大于 2）。这是因为当二次绕组断开时，高电压就串入低压网络，容易发生事故。

⚠️ **注意**

使用自耦变压器时，要注意两点：一次侧、二次侧不能接错，否则会烧毁变压器；电源接通前，要将手柄转到零位，逐渐转动手柄，调出所需要的输出电压。

2. 电流互感器

电流互感器的外形及原理图如图 3-16 所示，由于二次绕组阻抗很小，其运行情况相当于一台二次侧短路的升压变压器。

测量时，电流互感器的一次侧导线粗，匝数少，与被测电路串联；二次侧导线细，匝数多，与测量仪表的电流线圈串联构成闭合回路。

根据电流变换原理，若二次侧电流表读数为 I_2，则被测电流为 $I_1 = K_i I_2$。通常电流互感器的二次额定电流规定为 5A 或

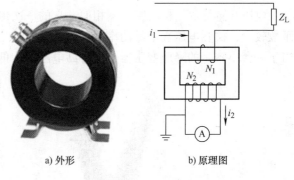

a) 外形　　　　　　b) 原理图

图 3-16　电流互感器

1A。当与测量仪表配套使用时，电流表按一次额定值刻度，从而可直接读出被测大电流的数值。

⚠️ **注意**

电流互感器使用时必须注意：外壳与二次侧必须可靠接地，二次绕组绝对不允许开路，否则铁心中主磁通剧增，铁损增大，使铁心严重过热，以致烧毁绕组绝缘，还会使二次侧感应出非常高的电动势，将绝缘击穿，危及工作人员的安全。

案例应用

钳形电流表

通常用普通电流表测量电流时，需要将电路切断停机后才能将电流表接入进行测量，这是很麻烦的，有时正常运行的电动机不允许这样做。此时，使用钳形电流表（见图 3-17）就显得方便多了，可以在不切断电路的情况下来测量电流。

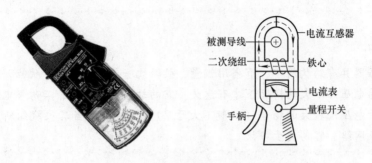

图 3-17　钳形电流表外形及内部结构

钳形电流表是电流互感器的一种，它由变压器和交流电流表组成。使用时压动手柄，使铁心张开，将被测电流的导线放入 U 形钳内，然后闭合铁心，此时载流导线成为变压器的一次侧，经过变换后，可直接从表上读出被测电流值。钳形电流表使用非常方便，量程为 5 ~ 100A。

3. 电压互感器

电压互感器的结构与变压器相似，它的一次侧匝数较多，与被测高压电路并联；二次侧匝数较少，接在电压表上或功率表的电压线圈上，它的外形及原理图如图 3-18 所示。它相当于一台小容量的降压变压器，可将高电压变为低电压，以便测量。

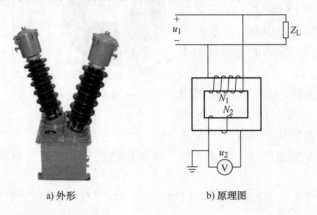

a) 外形　　　　　　b) 原理图

图 3-18　电压互感器

 注意

电压互感器的一次侧和二次侧，应加装熔断器。

使用电压互感器时，必须注意以下几点：二次侧不能短路，否则会产生很大的短路电流，烧坏互感器；铁心和二次侧的一端必须可靠接地，防止高、低压绕组间的绝缘损坏时，二次侧和测量仪表出现高电压，危及工作人员的安全；二次侧并接的电压线圈不能太多，以免超过电压互感器的额定容量，引起互感器绕组发热，并降低互感器的准确度。

课堂练一练

1. 将一台电压为 220V/36V 的变压器一次侧接到 220V 的直流电源上，会有什么后果？

2. 有一台电压为 220V/36V 的降压变压器，二次侧接一盏 36V、40W 的灯泡，试求：（1）若变压器的一次侧 $N_1 = 1100$ 匝，二次侧应是多少匝？（2）灯泡点亮后，一、二次电流各为多少？

习 题 三

3-1 有一额定容量 $S_N = 2kV \cdot A$ 的单相变压器，一次额定电压 $U_{1N} = 380V$，匝数 $N_1 = 1140$，二次侧匝数 $N_2 = 108$，试求：

1）该变压器二次侧额定电压 U_{2N} 及一、二次侧的额定电流 I_{1N}、I_{2N} 各是多少？

2）若在二次侧接入一个电阻性负载，消耗功率为 800W，一、二次电流 I_1、I_2 各是多少？

3-2 有一变压器，其一次电压为 2200V，二次电压为 220V，在接上一纯电阻性负载后，测得二次电流为 15A，若变压器的效率为 90%，问：1）一次电流；2）变压器一次侧从电源吸收的功率；3）变压器的损耗功率。

3-3 某单相变压器的一次侧接上 3300V 的交流电压时，其二次电压为 220V，若一次额定电流为 10A，问二次侧可接 220V/40W 的荧光灯多少盏？

3-4 一台电源变压器，一次电压 $U_1 = 380V$，二次电压 $U_2 = 38V$，接有电阻性负载，一次电流 $I_1 = 0.5A$，二次电流 $I_2 = 4A$，试求变压器的效率 η 及损耗功率 $P_{损耗}$。

3-5 有一电流互感器的二次侧的匝数为 100 匝，接于二次侧满度值刻成 100A 的电流表上（额定电流 5A），试求一次电流母线必须在铁心上绕几匝。

3-6 与普通变压器相比，自耦变压器有何异同？

3-7 有一台一次绕组匝数为 550 的单相自耦变压器，其一次侧接在 220V 的交流电源上。若二次侧要得到 132V 的电压，问二次绕组应该为多少匝？

第4章 三相异步电动机

◇掌握三相异步电动机的基本结构、工作原理。

◇了解三相异步电动机的机械特性。

◇掌握三相异步电动机的起动、调速、制动和反转的方法。

◇掌握常用低压电器的基本结构、工作原理、控制作用以及电路符号。

◇掌握三相异步电动机的起动控制、正反转控制电路；具备低压电器控制电路的检查及调试能力。

◇能够读懂简单的继电接触器控制电路，分析其工作原理。

内容引入

在我们的生活中能看到很多设备的工作，学校大门通过遥控自动打开和关闭、电梯的上升和下降、游乐场中很多娱乐设备的运转等，这些都需要电动机驱动。系统是怎么控制电动机进行工作的呢？下面我们就来学习三相异步电动机、低压电器、控制电路等知识。

4.1 三相异步电动机的结构及工作原理

电动机的作用是将电能转换为机械能。电动机可分为交流电动机和直流电动机两大类。交流电动机又分为异步电动机（或称感应电动机）和同步电动机。由于三相交流异步电动机结构简单、价格低廉、坚固耐用、使用和维修方便，在工农业生产中得到了广泛的应用。三相异步电动机外形如图4-1所示。

4.1.1 三相异步电动机的基本结构

三相异步电动机由定子、转子、气隙组成，各部分结构如图4-2所示。

1. 定子

三相异步电动机的定子由机座、定子铁心、定子绕组和端盖组成。机座一般由铸铁制成。定子铁心是由冲有槽的硅钢片叠成，片与片之间涂有绝缘漆。

三相绕组是定子的电路部分，中小型电动机一般采用绝缘铜线或铝线绕制成的三相对称绕组，按一定的连接规则嵌放在定子槽中。三相绕组的六个接线端引出至接线盒

图4-1 三相异步电动机外形

按国家标准，始端标以 U_1、V_1、W_1，末端标以 U_2、V_2、W_2。三相定子绕组可以连接成如图4-3所示的星形或三角形。一般电源电压为380V（指线电压），如果电动机各相绕组的额

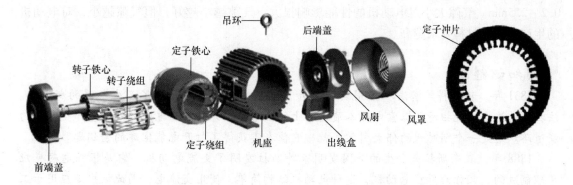

图 4-2　笼型异步电动机的各个部件

定电压是 220V，则定子绕组应为星形联结，如图 4-3a 所示；如果电动机各相绕组的额定电压为 380V，则定子绕组应为三角形联结，如图 4-3b 所示。

2. 转子

三相异步电动机的转子由转子铁心和转子绕组组成。转子铁心也是由相互绝缘的硅钢片叠成的。转子冲片如图 4-4a 所示。铁心外圆冲有槽，槽内安装转子绕组。根据转子绕组构造的不同可分为两种形式：笼型转子和绕线转子。

笼型转子的绕组由安放在转子铁心槽内的裸导体和两端的环形端环连接而成，如图 4-4b 所示。制造时，在转子铁心每个槽中穿入裸铜条，两端用短路环短接，称为铜条转子；或者用离心铸铝工艺，将裸导体连同短路环和风扇叶片一次浇注成形，称为铸铝转子。

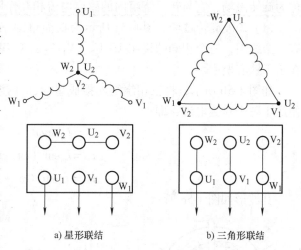

a) 星形联结　　　　　　b) 三角形联结

图 4-3　三相绕组的连接方式

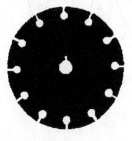

a) 转子冲片

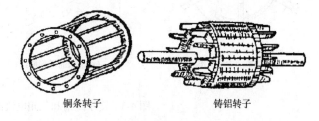

铜条转子　　　　　　　铸铝转子

b) 笼型转子

图 4-4　转子结构

绕线转子的绕组和定子绕组一样，也是一个用绝缘导线绕成的三相对称绕组。

3. 气隙

电动机定子与转子间的空气间隔称为电动机的气隙。一般中小型异步电动机的气隙为

0.2～2.5mm。气隙大小对电动机的性能影响很大，气隙越小越好，但气隙越小，对电动机的生产工艺和材料要求越高。

知识链接

1831 年，英国科学家法拉第用实验揭开了电磁感应定律，开通了产生电流的新道路。法拉第的这个发现扫清了探索电磁本质道路上的拦路虎，开通了在电池之外大量产生电流的新道路。这是一个划时代的伟大科学成就，它使人类获得了打开电能宝库的金钥匙。

1888 年，在南斯拉夫出生的美国发明家特斯拉发明了交流电动机。它是根据电磁感应原理制成的，又称为感应电动机，这种电动机结构简单，使用交流电，因此被广泛应用于工业、家庭电器中。

4.1.2　三相异步电动机的旋转磁场

在定子绕组中通入三相对称的交流电流，就会在电动机内部形成一个恒速旋转的磁场，称为旋转磁场，它与转子绕组内的感应电流相互作用形成电磁转矩，推动转子旋转。

（1）2 极旋转磁场　图 4-5a 所示为最简单的三相异步电动机的定子绕组，每相绕组只有一个线圈，三个相同的绕组 U_1-U_2、V_1-V_2、W_1-W_2 在空间的位置彼此互差 120°，分别放在定子铁心槽中。

如图 4-5b 所示，将三相绕组连接成星形，并接通三相对称电源后，那么在定子绕组中便产生三个对称电流，即

$$i_U = I_m \sin\omega t$$
$$i_V = I_m \sin(\omega t - 120°)$$
$$i_W = I_m \sin(\omega t + 120°)$$

其波形如图 4-5c 所示。

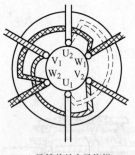
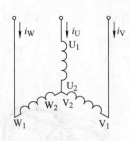
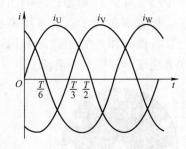

a) 最简单的定子绕组　　　　b) 三相绕组的星形联结　　　　c) 三相对称交流电流的波形

图 4-5　定子绕组和三相电流的波形

假定电流参考方向由线圈的始端 U_1、V_1、W_1 流入，末端 U_2、V_2、W_2 流出。电流流进端用"⊗"表示，流出端用"⊙"表示。下面就分别取 $t=0$、$T/6$、$T/3$、$T/2$ 四个时刻所产生的合成磁场作定性分析（其中 T 为三相交流电流的周期）。

由三相电流的波形可见，当 $t=0$ 时，电流瞬时值 $i_U=0$，$i_V<0$，$i_W>0$。这表示 U 相无电流，V 相电流是从绕组的末端 V_2 流向始端 V_1，W 相电流是从绕组的始端 W_1 流向末端 W_2，这一时刻由三个绕组电流所产生的合成磁场如图 4-6a 所示。它在空间形成磁力线方向

自下而上的 2 极磁场。

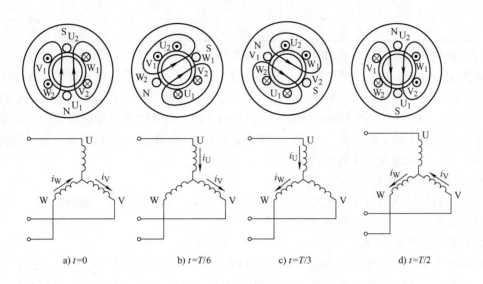

图 4-6　2 极旋转磁场

当 $t = T/6$ 时，$i_U > 0$，$i_V < 0$，$i_W = 0$，i_U 由 U_1 端流向 U_2 端，i_V 由 V_2 端流向 V_1 端，W 相无电流，其合成磁场如图 4-6b 所示，也是一个 2 极磁场，但 N、S 极的轴线在空间顺时针方向转了 60°。

当 $t = T/3$ 时，$i_U > 0$，$i_V = 0$，$i_W < 0$，i_U 由 U_1 端流向 U_2 端，V 相无电流，i_W 由 W_2 端流向 W_1 端，其合成磁场比上一时刻又向前转过了 60°，如图 4-6c 所示。

用同样的方法可得出当 $t = T/2$ 时，合成磁场比上一时刻又转过了 60°空间角，如图 4-6d 所示。由此可见，图 4-6 产生的是一对磁极（由 N、S 两个磁极组成一对磁极）的旋转磁场。当电流经过一个周期的变化时，磁场也沿着顺时针方向旋转一周，即在空间旋转的角度为 360°。

（2）旋转磁场的转速　上述旋转磁场具有一对磁极（磁极对数用 p 表示，1 对磁极即 $p = 1$），当电流变化一周时，旋转磁场在空间正好转过一周。对于 $f_1 = 50\text{Hz}$ 的工频交流电来说，旋转磁场每秒钟将在空间旋转 50 周，其转速 $n_1 = 60f_1 = 60 \times 50\text{r/min} = 3000\text{r/min}$。

若旋转磁场有 2 对磁极（$p = 2$），则电流变化一周，旋转磁场只转过半周，比 $p = 1$ 的情况下的转速慢了一半，即 $n_1 = 60f_1/2 = 1500\text{r/min}$。以此类推，当旋转磁场具有 p 对磁极时，旋转磁场转速为

$$n_1 = \frac{60f_1}{p} \tag{4-1}$$

式中，f_1 为电源频率，单位为赫兹（Hz）；p 为磁极对数，无量纲；n_1 为旋转磁场转速，单位为转/分（r/min）。

旋转磁场的转速 n_1 又称为同步转速。由式（4-1）可知，它决定于定子电流频率 f_1（即电源频率）和旋转磁场的磁极对数 p。

我国的工业用电频率 $f_1 = 50\text{Hz}$。同步转速与磁极对数 p 的关系见表 4-1。

表 4-1　$f_1 = 50\text{Hz}$ 时的同步转速

p	1	2	3	4	5	6
$n_1/$（r/min）	3000	1500	1000	750	600	500

（3）旋转磁场的转向　由图 4-6 中各瞬间磁场的变化可以看出，当通入三相绕组中电流的相序为 $i_U \to i_V \to i_W$ 时，旋转磁场在空间是沿绕组始端 U→V→W 方向旋转的，在图中即按顺时针方向旋转。如果通入三相绕组中的电流相序任意调换其中两相，此时通入三相绕组电流的相序为 $i_U \to i_W \to i_V$，则旋转磁场按逆时针方向旋转。由此可见，旋转磁场的转向是由三相电流的相序决定的，即将通入三相绕组中的电流相序任意调换其中的两相，就可改变旋转磁场的方向，从而改变电动机的转向。

4.1.3　三相异步电动机的转动原理

当电动机定子绕组通入三相交流电时产生旋转磁场，在图 4-7 中以旋转的磁极 N、S 表示，转子绕组用一个闭合线圈来表示。

旋转磁场以转速 n_1 顺时针方向旋转，转子绕组切割磁力线，转子绕组中产生感应电动势，其方向用右手定则来确定。旋转磁场顺时针方向旋转，则转子绕组逆时针方向切割磁力线。在 N 极下，导体中感应电动势的方向垂直纸面向外（用 ⊙ 表示）；在 S 极下，导体中感应电动势方向垂直纸面向里（用 ⊗ 表示）。由于转子绕组是闭合的，因此在感应电动势的作用下会产生电流，其方向与感应电动势方向相同。转子绕组中的电流与旋转磁场相互作用产生电磁力 F，其方向用左手定则确定。电磁力产生电磁转矩 T，使转子以转速 n 与旋转磁场相同的方向转动起来。整个转动过程简化示意图如图 4-8 所示。

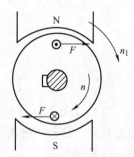

图 4-7　三相异步电动机的转子转动原理

转子的速度 n 不可能与旋转磁场的转速 n_1 相等，如果转子转速等于同步转速，那么转子就和磁场处于相对静止状态，在转子回路中不会产生感应电动势和电流，转子也就不会产生驱动性质的电磁转矩，那么转子必然减速，不可能使转子转速维持同步转速旋转。因此正常运行的异步电动机其转速总小于同步转速，这就是"异步电动机"名称的由来。

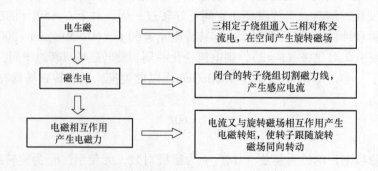

图 4-8　三相异步电动机工作原理简化示意图

通常将旋转磁场的转速 n_1 与转子转速 n 的差值称为转差，转差与 n_1 的比值称为转差率，用 s 表示，即

$$s = \frac{n_1 - n}{n_1} \qquad\qquad (4\text{-}2)$$

式（4-2）也可写成　　　　　　　　$n = (1 - s) n_1$

转差率是异步电动机的一个重要参数，它反映电动机的各种运行情况。转子未转动时，$n = 0$，$s = 1$；电动机理想空载时，$n \approx n_1$，$s \approx 0$。电动机在额定运行状态下，转差率一般在 0.02 ~ 0.06 之间。

【例 4-1】　一台三相异步电动机的额定转速为 $n_N = 1460 \mathrm{r/min}$，电源频率 $f = 50 \mathrm{Hz}$，求该电动机的同步转速、磁极对数和额定运行时的转差率。

【解】　由于电动机的额定转速小于且接近于同步转速，对照表 4-1 可知，与 1460r/min 最接近的同步转速为 $n_1 = 1500 \mathrm{r/min}$，与此对应的磁极对数为 $p = 2$，是 4 极电动机。

额定运行时的转差率为

$$s_N = \frac{n_1 - n_N}{n_1} = \frac{1500 - 1460}{1500} = 0.027$$

电动机故障判断及维修

电动机运行或故障时，可通过看、听、闻、摸四种方法来及时预防和排除故障，保证电动机的安全运行。

1. 看

观察电动机运行过程中有无异常，其主要表现为以下几种情况：

1）定子绕组短路时，可能会看到电动机冒烟。

2）电动机严重过载或断相运行时，转速会变慢且有较沉重的"嗡嗡"声。

3）若电动机剧烈振动，则可能是传动装置被卡住或电动机固定不良、底脚螺栓松动等。

4）若电动机内接触点和连接处有变色、烧痕和烟迹等，则说明可能有局部过热、导体连接处接触不良或绕组烧毁等。

2. 听

电动机正常运行时应发出均匀且较轻的"嗡嗡"声，无杂音和特别的声音。若发出噪声太大，包括电磁噪声、轴承杂音、通风噪声、机械摩擦声等，均可能是故障先兆或故障现象。

1）对于电磁噪声，如果电动机发出忽高忽低且沉重的声音，则原因可能有以下几种：

①　定子与转子间气隙不均匀，此时声音忽高忽低且高低音间隔时间不变，这是轴承磨损从而使定子与转子不同心所致。

②　三相电流不平衡。这是三相绕组存在接地、短路或接触不良等原因，若声音很沉闷则说明电动机严重过载或断相运行。

③　铁心松动。电动机在运行中因振动而使铁心固定螺栓松动造成铁心硅钢片松动，发出噪声。

2）对于轴承杂音，应在电动机运行中经常监听。监听方法是：将螺钉旋具一端顶住轴承安装部位，另一端贴近耳朵，便可听到轴承运转声。若轴承运转正常，其声音为连续而细小的"沙沙"声，不会有忽高忽低的变化及金属摩擦声。

3. 闻

通过闻电动机的气味也能判断及预防故障。若发现有特殊的油漆味，说明电动机内部温度过高；若发现有很重的糊味或焦臭味，则可能是绝缘层被击穿或绕组已烧毁。

4. 摸

摸电动机一些部位的温度也可判断故障原因。为确保安全，用手摸时应用手背去碰触电动机外壳、轴承周围部分，若发现温度异常，其原因可能有以下几种：

1）通风不良。如风扇脱落、通风道堵塞等。

2）过载。致使电流过大而使定子绕组过热。

3）定子绕组匝间短路或三相电流不平衡。

4）频繁起动或制动。

5）若轴承周围温度过高，则可能是轴承损坏或缺油所致。

课堂练一练

1. 在能量转换上，电动机是将_____转换为_____。

2. 一台三相异步电动机，其额定转速为1450r/min，这台电动机有_____个磁极。

4.2 三相异步电动机的电磁转矩和机械特性

4.2.1 三相异步电动机的电磁转矩

异步电动机的电磁转矩是三相异步电动机最重要的参数。电磁转矩的存在是三相异步电动机能够正常工作的先决条件，是分析三相异步电动机机械特性的必要条件。

异步电动机的电磁转矩 T 是由转子电流 I_2 与旋转磁场相互作用而产生的。经数学分析，电磁转矩 T 为

$$T = CU_1^2 \frac{sR_2}{R_2^2 + (sX_{20})^2} \tag{4-3}$$

式中，C 是一常数；R_2、X_{20} 是转子每相绕组的电阻和电抗，通常也是常数。

4.2.2 三相异步电动机的机械特性

在一定的电源电压 U_1 和转子电阻 R_2 之下，转矩与转差率的关系曲线 $T = f(s)$ 或转速与转矩的关系曲线 $n = f(T)$，称为电动机的机械特性曲线。如图4-9所示，这一曲线称为电动机的机械特性曲线。

由图4-9可见，三相异步电动机的机械特性曲线被 T_m 分成两个性质不同的区域，即 AB 段和 BC 段。

当三相异步电动机起动时，只要起动转矩大于负载转矩，三相异步电动机便起动起来。此时电动机的电磁转矩的变化曲线沿 AB 段运行，转子处于加速状态，使得电动机在较短的时间内很快越过 AB 段而进入 BC 段，在 BC 段随着转速的不断上升，电磁转矩却在下降，当转速上升到一定值，电动机的电磁转矩与负载转矩相等时，电动机的转速就不再上升，电动机就稳定运行在 BC 段。

电动机在稳定运行时，其电磁转矩和转速的大小都决定于它所拖动的机械负载。负载转矩变化时，异步电动机的转速变化不大，这种机械特性称为**硬特性**。三相异步电动机的这种硬特性非常适用于一般金属切削机床。

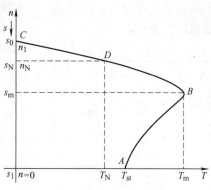

图 4-9　电动机的机械特性曲线

为了正确使用电动机，应注意机械特性曲线上的三个重要转矩。

（1）起动转矩　起动转矩 T_{st} 是表示异步电动机刚接入电源的瞬间，即 $n = 0$ 或 $s = 1$ 时，所产生的电磁转矩。为了保证电动机能起动，电动机的起动转矩必须大于电动机静止时的负载转矩。通常用它与额定转矩的比值来衡量起动能力的大小，称为**起动系数**，即

$$K_{st} = \frac{T_{st}}{T_N} \tag{4-4}$$

一般异步电动机的起动系数为 $1.2 \sim 2.2$。

（2）额定转矩　额定转矩表示异步电动机在额定状态工作时的电磁转矩。如忽略电动机本身的负载转矩，可近似地认为，电动机产生的额定电磁转矩 T_N 等于轴上的额定输出转矩，也称为**满载转矩** T_N，可按下式计算：

$$T_N = 9550 \frac{P_N}{n_N} \tag{4-5}$$

式中，P_N 为电动机的额定功率（kW）；n_N 为电动机的额定转速（r/min）。

（3）最大转矩　最大转矩 T_m 表示异步电动机可能产生的最大电磁转矩，常用过载能力来体现。过载系数用 λ_m 表示，定义为

$$\lambda_m = \frac{T_m}{T_N} \tag{4-6}$$

过载系数 λ_m 反映电动机允许的短时过载运行能力，是异步电动机的一个重要指标。λ_m 越大，电动机适应电源电压波动的能力和短时过载的能力就越强。一般三相异步电动机的过载系数 λ_m 为 $1.8 \sim 2.5$。特殊用途电动机的 λ_m 可达到 3 或更大。

 注意

当负载转矩超过最大转矩时，电动机将因带不动负载而发生停车，俗称"闷车"。此时，电动机的电流立即增大到额定值的 $6 \sim 7$ 倍，将引起电动机严重过热，甚至烧毁。因此，电动机在运行中一旦出现堵转过电流时应立即自动切断电源，并卸掉过重的负载。如果负载转矩只是短时间接近最大转矩而使电动机过载，这是允许的，因为时间很短，电动机不会立即过热。

4.2.3　三相异步电动机的铭牌及技术参数

每台电动机的铭牌上都标注了电动机的型号、额定值和在额定运行状况下的有关技术参数。在铭牌上所规定的额定值和工作条件下运行，称为**额定运行**。铭牌上的额定值及有关技

术数据是正确设计、选型、使用和维修电动机的依据。例如一台 Y160M-2 三相异步电动机的铭牌见表 4-2。

表 4-2　三相异步电动机铭牌

三相异步电动机					
型　号	Y160M-2	功率	11kW	频率	50Hz
电压	380V	电流	21.8A	接法	△
转　速	2930r/min	绝缘等级	B	工作方式	连续
年　月		编　号			×××制造

1. 型号 Y160M-2

Y——笼型三相异步电动机，目前，常用电动机的系列基本为 Y 系列。

160——此数值表示电动机的机座中心高。本例电动机的机座中心高为 160mm。

M——此字母表示电动机的机座号。本例 M 表示中号机座（L、S 分别表示长、短号机座）。

2——磁极数为 2 极（即 1 对磁极，$p=1$）。

2. 额定电压 U_N 和接法

U_N 是指电动机额定运行状态时，定子绕组应加的线电压，单位为伏（V）。一般规定电源电压波动不应超过额定值的 5%。本例 $U_N=380V$。

Y 系列三相异步电动机规定额定功率在 3kW 及以下的为 Y 联结，4kW 及以上的为 △ 联结。

3. 额定电流 I_N

I_N 是指电动机在额定电压下运行，输出功率达到额定值时，流入定子绕组的线电流，单位为安（A）。本例中 $I_N=21.8A$。

4. 额定功率 P_N

P_N 是指电动机额定运行状态时，轴上输出的机械功率，单位为千瓦（kW）。本例 $P_N=11kW$。额定功率与额定电压、额定电流的关系满足 $P_N=\sqrt{3}\,U_N I_N\cos\varphi_N\eta_N$，其中 $\cos\varphi_N$ 为额定功率因数，η_N 为额定机械效率。

5. 额定频率 f_N

f_N 是指加在电动机定子绕组上的允许频率。我国电网频率规定为 50Hz。

6. 额定转速 n_N

n_N 是指电动机在额定状态下运行时转子的转速，单位为转/分（r/min）。本例电动机的额定转速 $n_N=2930r/min$。

7. 绝缘等级

它是指电动机内部所用绝缘材料允许的最高温度等级，决定了电动机工作时允许的温升。电动机允许温升与绝缘耐热等级的关系见表 4-3。本例电动机为 B 级绝缘。

表 4-3　电动机允许温升与绝缘耐热等级的关系

绝缘耐热等级	A	N	B	F	H	C
允许最高温度/℃	105	120	130	155	180	180 以上
允许最高温升/℃	60	75	80	100	125	125 以上

8. 工作方式

电动机的工作方式分为三种：①连续工作方式用 S1 表示，这种工作方式允许电动机在额定条件下长时间连续运行；②短时工作方式用 S2 表示，这种工作方式允许电动机在额定条件下在规定时间内运行；③断续工作方式用 S3 表示，它允许电动机在额定条件下以周期性间歇方式运行。本例电动机工作方式为连续工作方式。

动动手

绝缘电阻表的使用

绝缘电阻表又称兆欧表，是用来测量被测设备的绝缘电阻和高值电阻的仪表，如图 4-10 所示，由一个手摇发电机、表头和三个接线柱，即 L（电路端）、E（接地端）和 G（屏蔽端）组成。

测量时要选用电压等级符合要求的绝缘电阻表。绝缘电阻表的接线方法如图 4-11 所示。

1）校表。测量前应将绝缘电阻表进行一次开路和短路试验，检查绝缘电阻表是否良好。将两连接线开路，摇动手柄，指针应指在"∞"处，再将两连接线短接一下，指针应指在"0"处，符合上述条件者即良好，否则不能使用。

2）保证被测设备或线路断电。被测设备与电路断开，对于大电容设备还要进行放电。

3）测量绝缘电阻时，一般只用 L 和 E 端，但在测量电缆对地的绝缘电阻或被测设备的漏电流较严重时，就要使用 G 端，并将 G 端接屏蔽层或外壳。电路接好后，可按顺时针方

图 4-10　绝缘电阻表

向转动摇把，摇动的速度应由慢而快，当转速达到 120r/ min 左右时（ZC-25 型），保持匀速

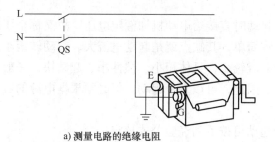
a) 测量电路的绝缘电阻

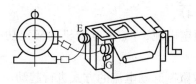

b) 测量电动机的绝缘电阻

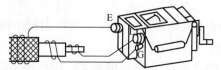
c) 测量电缆的绝缘电阻

图 4-11　绝缘电阻表的接线方法

转动 1 min 后读数，并且要边摇边读数，不能停下来读数。

　　4）拆线放电。读数完毕，一边慢摇，一边拆线，然后将被测设备放电。放电方法是将测量时使用的地线从绝缘电阻表上取下来与被测设备短接一下即可。注意不是对表放电。

课堂练一练

　　1. 三相异步电动机的转子转速 n 随着转矩 T 变化的关系，即 $n = f(T)$ 关系，称为_____。

　　2. 已知 Y90S-4 型异步电动机的下列技术数据：$P_N = 1.1kW$，$f_N = 50Hz$，$U_N = 380V$，△联结，$\eta = 0.78$，$\cos\varphi = 0.78$，$n = 1400r/min$，试求：（1）线电流和相电流的额定值；（2）电磁转矩的额定值。

4.3　电动机的运行

4.3.1　电动机的起动

　　异步电动机在接通电源后，从静止状态到稳定运行状态的过程，称为起动过程。在起动的瞬间，由于 $n_2 = 0$，$s = 1$，旋转磁场以最大的相对速度切割转子导体，转子感应电动势和电流最大，致使定子起动电流 I_{st} 也很大，其值为额定电流 I_N 的 4~7 倍。尽管起动电流很大，但因为功率因数甚低，所以起动转矩 T_{st} 较小。

　　过大的起动电流会引起电网电压的明显降低，而且还影响接在同一电网上的其他用电设备的正常运行，严重时连电动机本身也转不起来。起动转矩小会使电动机起动时间拖长，既影响生产效率又会使电动机温度升高，如果小于负载转矩，电动机就根本不能起动。

　　所以必须根据异步电动机的不同情况，采取不同的起动方式，限制起动电流，并应尽可能地提高起动转矩，以保证电动机顺利地起动。笼型异步电动机的起动方式有直接起动和减压起动。

　　1. 直接起动

　　所谓直接起动，就是起动时直接给电动机加额定电压，故又称全压起动。直接起动的优点是起动设备与操作都比较简单，其缺点就是起动电流大、起动转矩小。对于小容量笼型异步电动机，因电动机起动电流较小，且体积小、惯性小、起动快，一般来讲，对电网、对电动机本身都不会造成影响。因此，可以直接起动，但必须根据电源的容量来限制直接起动电动机容量。

　　在工程实践中，直接起动可按下列经验公式核定：

$$\frac{I_{st}}{I_N} \leqslant \frac{3}{4} + \frac{S_N}{4P_N} \tag{4-7}$$

式中，I_{st} 为电动机的起动电流；I_N 为电动机的额定电流；P_N 为电动机的额定功率（kW）；S_N 为电源总容量（kV·A）。

　　如果不能满足式（4-7）的要求，则必须采取限制起动电流的方式进行起动。

　　2. 减压起动

　　如果笼型异步电动机的容量较大或起动频繁，通常采用减压起动即起动时在电动机的定子绕组加上一个较低的电压，当电动机的转速升高到接近额定转速时，再加额定电压运行。这种方法降低了起动电压，起动电流也随之减小，但起动转矩也显著减小了。因此，这种方法只适用于空载或轻载起动。下面介绍两种笼型异步电动机常用的减压起动方法。

（1）星-三角（Y-△）起动　对于正常工作时定子绕组接成三角形的笼型电动机，在起动时可将定子绕组连接成星形，待电动机转速接近额定值时，再换成三角形联结进入正常工作。采用星-三角起动，起动时定子绕组的电压降低到直接起动的 $1/\sqrt{3}$，其起动电流也将减小。图 4-12 所示为三相异步电动机星-三角起动的原理图。在起动时，先将控制开关 SA_1 扳向星形联结位置，将定子绕组接成星形，然后合上电源控制开关 QS，开始减压起动。当电动机转速增加到接近额定值时，将 SA_1 断开、SA_2 合上切换到三角形运行的位置上，电动机便接成三角形在全压下正常工作。

设定子绕组每相阻抗为 $|Z|$，电源额定电压为 U_{1N}，当采用三角形联结直接起动时的线电流为

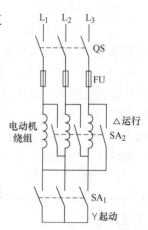

$$I_{st\triangle} = I_{1\triangle} = \sqrt{3}I_{P\triangle} = \sqrt{3}\frac{U_{1N}}{|Z|} \qquad (4-8)$$

当采用星形联结减压起动时，每相绕组的相电压 $U_{PY} = U_{1N}/\sqrt{3}$，线电流为

$$I_{stY} = I_{PY} = \frac{U_{PY}}{|Z|} = \frac{1}{\sqrt{3}}\frac{U_{1N}}{|Z|} \qquad (4-9)$$

由式（4-8）和式（4-9）可得星形联结的起动电流为三角形联结起动电流的 1/3。

由于起动转矩 T_{st} 与电源电压的二次方成正比，采用 Y-△ 起动时，起动电压降低为 $U_{1N}/\sqrt{3}$，起动转矩也随之下降到直接起动时起动转矩的 1/3。所以采用 Y-△ 起动限制起动电流的同时，牺牲了起动转矩。因此，这种起动方法只适用于空载或轻载起动。

图 4-12　三相异步电动机
Y-△ 起动的原理图

注意

采用星-三角起动方法时设备简单，操作方便，在允许轻载或空载起动的情况下，此方法得到广泛应用，但由于高电压电动机引出六个出线端子有困难，故星-三角减压起动一般仅用于 500V 以下正常运行时定子绕组接成三角形的电动机。

采用这种起动方式，电动机的起动电流和起动转矩都降低到直接起动时的 1/3，因此在使用时必须注意转矩能否满足要求。

【例 4-2】 已知 Y280S-4 笼型异步电动机的额定数据为：$P_N = 75kW$，$n_N = 1480r/min$，起动能力 $T_{st}/T_N = 1.9$，负载转矩为 $200N \cdot m$，电动机由额定容量为 $320kV \cdot A$、输出电压为 380V 的三相电力变压器供电，试问：

1）电动机能否直接起动？

2）电动机能否用 Y-△ 减压起动？

【解】 1）因为由式（4-7）有

$$\frac{3}{4} + \frac{S_N}{4P_N} = 0.75 + \frac{320}{4 \times 75} = 1.82 < 4$$

而直接起动时 $I_{st} = (4 \sim 7) I_N$，所以不能直接起动。

2）电动机的额定转矩 T_N 和起动转矩 T_{st} 分别为

$$T_N = 9550 \frac{P_N}{n_N} = 9550 \times \frac{75}{1480} \text{N} \cdot \text{m} \approx 484 \text{ N} \cdot \text{m}$$

$$T_{st} = 1.9 \times 484 \text{N} \cdot \text{m} = 920 \text{N} \cdot \text{m}$$

如果用丫-△减压起动，则起动转矩为

$$T_{\curlyvee st} = \frac{1}{3} T_{\triangle st} = \frac{1}{3} \times 920 \text{N} \cdot \text{m} = 307 \text{N} \cdot \text{m} > 200 \text{N} \cdot \text{m}$$

所以，可以采用丫-△起动。

（2）自耦变压器减压起动　自耦变压器减压起动是利用三相自耦变压器将电动机在起动过程中的端电压降低，其原理图如图 4-13 所示。起动时，将开关的操作手柄扳到"起动"位置，这时自耦变压器一次侧接电网，二次侧接电动机定子绕组，实现减压起动。当转速上升到接近额定转速时，再将手柄扳向"运行"位置，自耦变压器切除，使电动机直接与电源相接，在额定电压下正常运行。

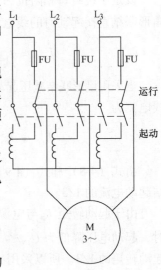

根据自耦变压器一、二次电压之比为一、二次绕组的匝数之比，以及电流与电压的关系可得，引入自耦变压器前后的起动电流之比为

$$\frac{I_{st1}}{I_{st}} = \left(\frac{N_2}{N_1}\right)^2 \tag{4-10}$$

式中，I_{st1} 为引入自耦变压器之后的起动电流；I_{st} 为直接起动时的起动电流；N_2 为二次绕组匝数；N_1 为一次绕组匝数。

图 4-13　自耦变压器减压起动原理图

采用自耦变压器减压起动，其起动电流及起动转矩会同时减小，因此这种起动方法只能用于空载或轻载及正常运行为星形联结的电动机。

注意

　　自耦变压器的体积大、质量重，价格较高，维修麻烦，且不允许频繁起动。自耦变压器的容量一般选择为等于电动机的容量；其每小时内允许连续起动的次数和每次起动的时间，在产品说明书上都有明确的规定，使用时应注意。

4.3.2　三相异步电动机的调速

电动机的调速就是在同一负载下得到不同的转速，以满足生产过程的要求。例如，各种切削机床的主轴运动随着工件与刀具的材料、工件直径、加工工艺的要求及进给量的大小等的不同，要求有不同的转速，以获得最高的生产效率和保证加工质量。如果采用电气调速，就可以大大简化机械变速机构。由转差率公式可得

$$n = (1 - s)n_0 = (1 - s)60\frac{f_1}{p} \qquad (4\text{-}11)$$

此式表明，三相异步电动机的调速方法有变频调速、变极调速、变转差率调速三种，前两种方法可用于笼型异步电动机，后一种方法只可用于绕线转子异步电动机。

（1）变极调速　变极调速就是改变电动机旋转磁场的磁极对数 p，从而使电动机的同步转速 n_1 发生变化而实现电动机的调速，一般采用改变定子绕组的连接来实现。一般异步电动机制造出来后，其磁极对数是不能随意改变的。可以改变磁极对数的笼型异步电动机是专门制造的，有双速或多速电动机的单独产品系列。

这种调速方法简单，但只能进行速度挡数不多的有级调速。在实际应用中，常将变极调速与其他调速方法配合，以改善调速的平滑性。

（2）变频调速　异步电动机的转速正比于电源的频率，连续调节电源的频率 f_1，即可连续调节电动机的转速。近年来，变频调速技术发展很快，通过变频装置可将 380V、50Hz 的三相交流电变换为所需的频率 f_2 和电压有效值 U_2 可调的三相交流电，从而实现了异步电动机的无级调速，如图 4-14 所示。

图 4-14　异步电动机的变频调速

 归纳

　　变频调速是性能最好的调速方法，但需要专门的变频装置。随着电子变频技术的迅速发展，这种调速方法已得到越来越广泛的应用。

（3）变转差率调速　在绕线转子异步电动机的转子电路中，接入调速变阻器，改变转子回路电阻，即可实现调速，这种调速方法也能平滑地调节电动机的转速，但能耗较大，调速范围有限，目前主要应用在起重设备中。

4.3.3　电动机的制动

三相异步电动机切除电源后依靠惯性还要转动一段时间（或距离）才能停下来，而生产中起重机的吊钩或卷扬机的吊篮要求准确定位；万能铣床的主轴要求能迅速停下来，这就需要制动。制动就是给电动机一个与转动方向相反的转矩，促使它很快地减速和停转。常用的电气制动方法有两种：能耗制动与反接制动。

1．能耗制动

如图 4-15 所示，电动机定子切断三相电源后，立即通入直流电，在定子和转子间形成恒定磁场。根据右手定则和左手定则不难确定，此时惯性运转的转子导体切

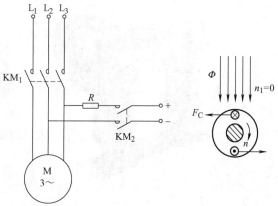

图 4-15　能耗制动原理图

割磁力线，在转子导体上产生感应电流，该电流又与磁场发生电磁作用产生电磁转矩，可见这时的电磁转矩与惯性运转方向相反，所以是制动转矩。在此制动转矩作用下，电动机将迅速停转。这种制动方法将转子及拖动系统的动能转换为电能并以热能的形式迅速消耗在转子电路中，因而称为能耗制动。

归纳

　　能耗制动的优点是制动平衡，消耗电能少，但需要有直流电源。这种制动方法广泛应用于一些金属切削机床、矿井提升和起重机运输等生产机械中。

　　2. 反接制动

改变电动机三相电流的相序，使电动机的旋转磁场反转的制动方法称为反接制动。制动时，将电动机与电源连接的三根导线用控制电路任意对调两根，于是旋转磁场反向。惯性运转的转子与反向旋转磁场间的作用，产生了与转子惯性运转方向相反的制动转矩，它使电动机转速迅速降低，当转速接近零时，通常由控制电路自动切断反接电源，以免电动机反向运转。

归纳

　　反接制动的优点是制动强度大，制动速度快；缺点是能量损耗大，对电动机和电源产生的冲击大，易损坏传动零件，不易实现准确停转。反接制动常用于起动不频繁、功率小于10kW的中小型机床及辅助性的电力拖动中。

知识拓展

机 械 制 动

　　利用机械装置使电动机断开电源后迅速停转的方法叫做机械制动。常用的方法是电磁制动器制动。电磁制动器装置的外形及结构如图4-16所示。

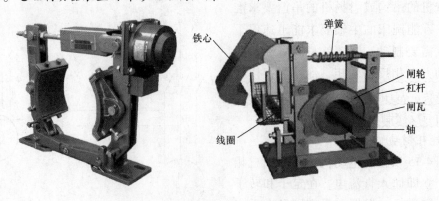

图4-16　电磁制动器装置的外形及结构

1．电磁制动器的结构

电磁制动器主要由两部分组成：制动电磁铁和闸瓦制动器。制动电磁铁由铁心、衔铁和线圈三部分组成。闸瓦制动器包括闸轮、闸瓦和弹簧等，闸轮与电动机装在同一根转轴上。

2．工作原理

电动机接通电源，同时电磁制动器线圈也得电，衔铁吸合，克服弹簧的拉力使制动器的闸瓦与闸轮分开，电动机正常运转。

断开开关或接触器，电动机失电，同时电磁制动器线圈也失电，衔铁在弹簧拉力作用下与铁心分开，并使制动器的闸瓦紧紧抱住闸轮，电动机被制动而停转。

3．电磁制动器制动的特点

优点：制动力强，广泛应用在起重设备上。它安全可靠，不会因突然断电而发生事故。

缺点：电磁制动器体积较大，制动器磨损严重，快速制动时会产生振动。

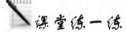

课堂练一练

1．额定电压为380V，星形联结的三相异步电动机能否采用星-三角减压起动？为什么？

2．若供电电源频率 $f=50\mathrm{Hz}$，三相异步电动机的转速能否高于 3000r/min？为什么？若采用变频调速，希望 $n=3520\mathrm{r/min}$，则应将电源频率调到多少赫兹？

4.4　常用低压电器

在电能的产生、输送、分配和应用中，起着开关、控制、调节和保护作用的电气设备称为电器。低压电器通常是指工作在交流电压 1000V、直流电压 1200V 以下电路中的电器。

低压电器按它的动作方式可分为：

（1）手动电器　这类电器的动作是由工作人员手动操纵的，例如刀开关、组合开关及按钮等。

（2）自动电器　这类电器是按照操作指令或参量变化信号自动动作的，例如接触器、继电器、熔断器和行程开关等。

低压电器按它在电路中所起的作用可分为：

（1）控制电器　这类电器主要用来控制电动机起动、停止、正反转或调速等。

（2）保护电器　这类电器主要用来保护受控对象和控制电路不遭受故障或事故危害，例如对电动机进行短路、过载和失电压保护等。

下面介绍几种控制电路中常用的低压电器。

4.4.1　开关电器

1．刀开关

刀开关又称闸刀开关，是结构最简单、应用最广泛的一种手动电器。刀开关在低压小功率电路中，做不频繁接通和分断电路用，或用来将电路与电源隔离。刀开关结构简单，主要由绝缘底板、动触刀、静触座、灭弧装置以及手柄组成。按动触刀的数目分类，可分为单极、双极和三极三种类型。图 4-17 是刀开关的外形、结构图及电气符号。

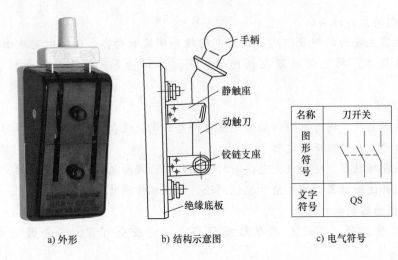

a) 外形　　　　　　b) 结构示意图　　　　　　c) 电气符号

图4-17　刀开关的外形、结构及电气符号

注意

　　在安装使用刀开关时必须注意：合闸接通电源时，刀片是向上推入刀座的，这个方向是正确的安装方向。如果刀开关倒装，若长期振动或使用时间过长，则会引起刀片铆钉松动，结果即使不合闸，稍有振动，刀片也会自行掉下来接通电源，造成误合闸。其次，应将电源接入上方的接线柱（即与刀座相连的静触点），负载接入下方的接线柱（即与刀片相连的动触点）。这样当断开电源时，裸露在外面的刀片是不带电的，保证了用电安全。

2. 组合开关

　　组合开关又称转换开关，外形如图4-18a所示。由数层动、静触片，转轴及手柄组装在绝缘盒组成。动触片装在转轴上，用手柄转动转轴使动触片与静触片接通与断开，可实现多条线路、不同连接方式的转换。图4-18b为手动组合开关的结构示意图。组合开关在控制电路中常作为隔离开关使用，电气符号如图4-18c所示。

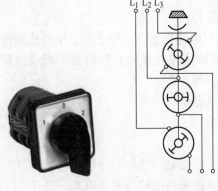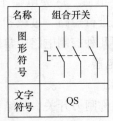

a) 外形　　　　　　b) 结构示意图　　　　　　c) 电气符号

图4-18　组合开关的外形、结构和电气符号

3. 断路器

断路器是一种既有手动开关作用又能自动进行欠电压、失电压、过载和短路保护作用的电器。在正常情况下，也可用于不频繁地接通和断开电路及控制电动机。

断路器主要由三个基本部分组成，即触点和灭弧系统；各种脱扣器，包括过电流脱扣器、失电压（欠电压）脱扣器、热脱扣器和分励脱扣器；操作机构和自由脱扣机构。图 4-19 是断路器的外形图、电气符号和工作原理图。

图 4-19c 中，断路器的主触点是靠操作机构手动或电动合闸的，主触点闭合后，自由脱扣机构将主触点锁在合闸位置上。过电流脱扣器（电磁脱扣器）的线圈和热脱扣器的热元件与主电路串联，失电压脱扣器的线圈与主电路并联。当电路发生短路或严重过载时，过电流脱扣器的衔铁被吸合，使自由脱扣机构动作；当电路过载时，热脱扣器的热元件产生的热量增加，加热双金属片，使之向上弯曲，推动自由脱扣机构动作；当电路出现失电压现象时，失电压脱扣器的衔铁释放，也使自由脱扣机构动作。自由脱扣机构动作时自动脱扣，使断路器自动跳闸，主触点断开分断电路；分励脱扣器则作为远距离控制分断电路之用。

a) 外形

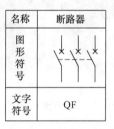

b) 电气符号

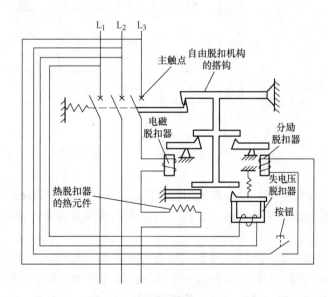

c) 工作原理图

图 4-19 断路器的外形、电气符号和工作原理图

4.4.2　主令电器

主令电器属于控制电器，在自动控制系统中用于接通和分断控制电路以达到发号施令的目的。主令电器应用广泛，种类繁多，按其作用可分为：按钮、行程开关、接近开关及其他主令控制器等。

1. 按钮

按钮是一种结构简单、在控制电路中发出手动"指令"的主令电器。按钮的外形、结构及电气符号如图 4-20 所示，其中 1、2 是一对常闭触点，3、4 是一对常开触点。按钮未按下时，常开触点断开、常闭触点闭合；按下时常闭触点断开、常开触点闭合；当松开后，按钮在复位弹簧的作用下复位。

为便于识别各个按钮的作用，避免误操作，通常在按钮上加以标注或以按钮帽的颜色加以区别。一般红色表示停止，绿色表示起动，黑色表示点动等。

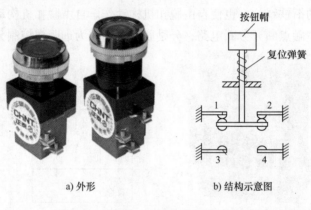

a) 外形　　　　　　　　b) 结构示意图

名称	按钮常开触点	按钮常闭触点	复合按钮
图形符号	E-\	E-/	E-\-
文字符号	SB		

c) 符号

图 4-20　按钮的外形、结构及电气符号

2. 行程开关

行程开关又称限位开关，是一种利用生产机械某些运动部件的碰撞来发出控制指令的主令电器。它用于控制生产机械的运动方向、行程大小或位置保护。图 4-21 为行程开关的外形及电气符号。

行程开关的种类很多，按其运动形式可分为直动式（按钮式）和转动式（又分单轮转动式和双轮转动式）等，其结构可分为三个部分：操作机构、触点系统和外壳。

行程开关的工作原理和按钮相似，其动作靠生产机械运动部件上的撞块来撞压。当撞块压着行程开关时，使其常闭触点分断，常开触点闭合。当撞块离开时，靠弹簧作用使触点复位（双轮转动式要靠反向撞动来复位）。

a) 直动式　　　　　b) 单轮转动式　　　　　c) 双轮转动式

名称	常开触点	常闭触点	复合触点
图形符号			
文字符号		SQ	

d) 符号

图 4-21　行程开关的外形及电气符号

4.4.3　执行电器

执行电器包括接触器和各类继电器。

1. 接触器

接触器是一种自动控制电器，可用来频繁地接通或断开交、直流主电路及大容量控制电路。它还具有欠电压释放保护功能，适用于频繁操作和远距离控制，是电力拖动自动控制系统中应用最广泛的低压电器。接触器按其主触点通过电流的种类不同，可分为交流接触器和直流接触器。这里主要介绍交流接触器。

（1）交流接触器的结构　图 4-22 为交流接触器的外形、结构和电气符号，交流接触器主要由电磁机构、触点系统和灭弧装置三个部分组成。

电磁机构由线圈、动铁心（衔铁）、静铁心组成。铁心用硅钢片叠压铆成，大多采用衔铁直线运动的双 E 形结构，其端面的一部分套有短路铜环，以减少衔铁吸合后的振动和噪声。

触点系统是接触器的执行元件，用以接通或分断所控制的电路，插接式还可以根据需要扩展辅助触点的数量。容量在 10A 以上的接触器都有灭弧装置，以熄灭电弧。此外，还有各种弹簧、传动机构及外壳等。

（2）交流接触器的工作原理　交流接触器的工作原理是利用电磁力与弹簧弹力相配合，实现触点的接通和分断的。交流接触器有两种工作状态：失电状态（释放状态）和得电状态（动作状态）。当吸引线圈通电后，使静铁心产生电磁力，衔铁被吸合，与衔铁相连的连杆带动触点动作，使常闭触点断开，使常开触点闭合，接触器处于得电状态；当吸引线圈断电时，电磁力消失，衔铁在复位弹簧作用下释放，所有触点随之复位，接触器处于失电

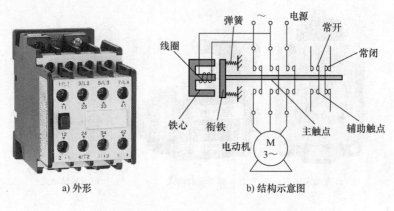

a) 外形　　　　　　　　　　　　　　　b) 结构示意图

名称	线圈	主触点	辅助常开触点	辅助常闭触点
图形符号				
文字符号	KM			

c) 电气符号

图 4-22　交流接触器的外形、结构和电气符号

状态。

　　交流接触器选用与安装时应注意以下几点：

　　1）接触器主触点的额定电压不小于负载额定电压，额定电流不小于 1.3 倍的负载额定电流。

　　2）接触器的触点数量、种类应满足控制电路的要求。

　　3）操作频率（每小时触点通断次数）应满足控制电路的要求。

　　4）接触器的安装多为垂直安装，其倾斜角不得超过 5°。

　　2. 继电器

　　（1）中间继电器　中间继电器的触点对数较多（8 对或更多），触点允许通过的电流较小，一般用于 5A 以下的控制电路中作信号放大或多路控制转换。例如，当控制电流太小而不能直接使容量较大的接触器动作时，可用该控制电流先控制一个中间继电器，由中间继电器再控制接触器，此时中间继电器作信号放大使用。

　　图 4-23 为中间继电器的外形及电气符号。它的结构和动作原理与接触器相似，区别在于它没有主触点和灭弧装置，所以小巧灵敏。

　　（2）时间继电器　时间继电器是一种利用电磁原理、电子线路或机械动作原理实现触点延时接通或断开的自动控制电器。时间继电器的种类很多，有电磁式、空气阻尼式、电动

名称	线圈	常开触点	常闭触点
图形符号			
文字符号	KA		

图 4-23　中间继电器的外形及电气符号

式、电子式等。

　　图 4-24 为时间继电器的外形及电气符号。时间继电器按其功能可分为"通电延时型"和"断电延时型"两种。各种延时触点是在一般（瞬时）触点的基础上，加一段圆弧，圆弧向心方向表示触点延时动作的方向，圆弧离心方向表示触点瞬时动作的方向。例如，延时闭合常开触点，即通电延时常开触点，表示向右闭合（通电时）是延时的，而向左断开是瞬时的。

名称	线圈	延时闭合的常开触点	延时断开的常闭触点	延时断开的常开触点	延时闭合的常闭触点
图形符号					
文字符号	KT				

图 4-24　时间继电器的外形及电气符号

　　时间继电器的选择应注意延时性质（通电延时或断电延时）及范围、工作电压等。

　　（3）速度继电器　速度继电器是用来反映转速和转向变化的自动电器。它主要用于笼型异步电动机的反接制动控制。速度继电器主要由转子、定子和触点三部分组成，如图 4-25 所示。转子是一个圆柱形永久磁铁，它与被控制的电动机的轴连在一起，由电动机带动。定子是一个笼形空心圆环，由硅钢片叠成，并装有笼形绕组。定子上还装有胶木摆锤。两组复合触点，每组有一个簧片（动触点）和两个静触点，构成了速度继电器的常开触点和常闭触点。

　　速度继电器的工作原理与笼型异步电动机类似。当电动机转动时，速度继电器的转子随之一起转动（相当于异步电动机的旋转磁场），定子绕组便切割磁场产生感应电动势并形成电流，该电流与磁场作用产生转矩，使定子和转子同方向转动，带动胶木摆锤转动，推动簧片动作，使常开触点闭合，常闭触点分断。当电动机转速低于某一值时定子产生的转矩减

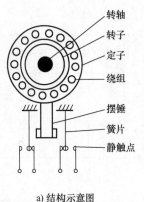

名称	转子	常开触点	常闭触点
图形符号		$\boxed{n}$	$\boxed{n}$
文字符号	KS		

a) 结构示意图　　　　　　　　　　　　b) 电气符号

图 4-25　速度继电器

小，触点复位。

4.4.4　保护电器

1. 熔断器

熔断器是在照明电路和电动机控制电路中用作短路保护的电器。由于结构简单、价格便宜、使用维护方便、体积小，广泛用于配电系统和机床电气控制系统。熔断器的种类有瓷插式熔断器、螺旋式熔断器以及快速熔断器等，可根据不同的用途选用。熔断器的外形及电气符号如图 4-26 所示。

熔断器起保护作用的部分是熔丝或熔片（又称熔体）。将熔体装入盒内或绝缘管内就成为熔断器。熔断器串联在电路中，当线路或电气设备发生短路或严重过载时，熔断器中的熔体首先熔断，使线路或电气设备脱离电源，起到保护电气设备的作用。

名称	熔断器
图形符号	
文字符号	FU

a) 外形　　　　　　　b) 电气符号

图 4-26　熔断器的外形及电气符号

2. 热继电器

热继电器是利用感温元件受热而动作的一种继电器，主要用于电动机或其他负载的过载保护。图 4-27 为热继电器的外形、内部结构图及电气符号。

热继电器主要由热元件、常闭触点及动作机构组成。热元件是由双金属片和绕在它上面的电阻丝构成的，热元件的电阻丝接在电动机的主电路中。双金属片系由两种具有不同膨胀系数的金属轧制而成。图中，下层金属的膨胀系数大，上层的小。当主电路中电流超过容许值而使双金属片受热时，它便向上弯曲，因而脱扣，扣板在弹簧的拉力下将常闭触点断开。触点是接在电动机的控制电路中的，控制电路断开而使接触器的线圈断电，从而断开电动机的主电路。

由于热惯性，热继电器不能作短路保护。因为发生短路事故时，要求电路立即断开，而热继电器是不能立即动作的。但是在电动机起动或短时过载时，热继电器不会动作，这可避免电动机的不必要的停车。

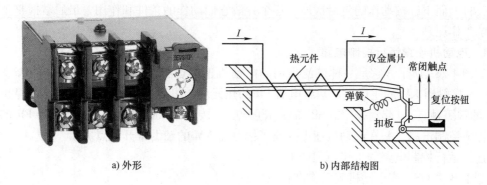

a) 外形   b) 内部结构图

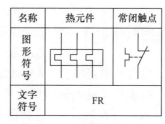

c) 电气符号

图 4-27　热继电器的外形、内部结构图和电气符号

选用热继电器时，应根据负载（电动机）的额定电流来确定其型号和加热元件的电流等级。

4.5　三相异步电动机基本控制电路

现代生产机械的运动部件主要是以各类电动机或其他执行电器来驱动的。为了保证生产过程和加工工艺合乎预定要求，要对电动机进行自动控制，因而设计了各种电气控制电路。在长期的实践中，人们已经将这些控制电路总结成最基本的单元供选用。异步电动机继电接触器控制系统是常用电器和电动机按一定的要求和方式连接起来，实现电气自动控制的系统。为了便于表达继电接触器控制系统的结构、原理、安装和使用，需要用一定的图形表示出来，电气控制电路图（又称电气原理图）是其中最重要、最基本的一种。

要掌握继电接触器控制电路，必须先了解以下几点：

1）电气控制电路图主要分主电路和控制电路两部分。电动机通路为主电路，一般画在左边；继电器、接触器线圈通路为控制电路，一般画在右边。此外还有信号、照明等辅助电路。

2）在电气控制电路中，同一电器的不同元件，根据其作用画在不同地方，但用相同的文字符号标明。

3）同种电器使用相同的文字符号，但在其后标上数码或字母以示区别。

4）全部触点按常态给出。对接触器、继电器是指未通电时的状态，对按钮、行程开关等是指未受外力时的状态。

阅读电气控制电路图的步骤是先看主电路，再看控制电路，最后看辅助电路，一般从左至右，自上而下，按动作的先后次序，逐个弄清它们动作的条件和作用，最后掌握整个控制电路的工作原理。

4.5.1　电动机连续运行控制电路

如图 4-28a 所示，它是一种广泛采用的电动机连续运行控制电路。由刀开关 QS、熔断器 FU_1、接触器 KM 的主触点、热继电器 FR 的热元件与电动机 M 构成主电路。由停止按钮（SB_1 的常闭触点）、起动按钮（SB_2 的常开触点）、接触器 KM 的线圈及热继电器 FR 的常闭触点构成控制电路，并在起动按钮上并联了接触器 KM 的辅助常开触点。

连续运行控制电路的工作原理如下：

合上开关 QS，为电动机起动作准备。

起动：

$$按下 SB_2 \rightarrow KM 线圈得电 \begin{cases} \rightarrow KM 主触点闭合 \rightarrow M 运转 \\ \rightarrow KM 辅助常开触点闭合 \rightarrow 自锁 \end{cases}$$

当松开 SB_2 后，由于 KM 辅助常开触点闭合，KM 线圈仍得电，电动机 M 继续运转。这种依靠接触器自身辅助触点使其线圈保持通电的现象称为自锁（或称自保），这种起自锁作用的辅助触点，称为自锁触点（或称自保触点）。这样的控制电路称为具有自锁（或自保）功能的控制电路。

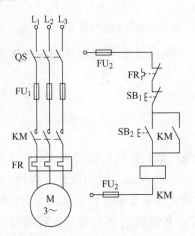
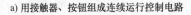
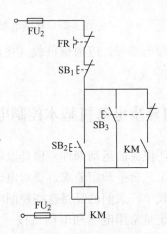

a) 用接触器、按钮组成连续运行控制电路　　　b) 具有点动和连续运行的控制电路

图 4-28　异步电动机的连续运行

停止：

$$按下 SB_1 \rightarrow KM 线圈失电 \begin{cases} \rightarrow KM 主触点断开 \rightarrow M 停转 \\ \rightarrow KM 辅助常开触点断开 \rightarrow 自锁解锁 \end{cases}$$

图 4-28b 中 SB_3 为点动按钮，当按下 SB_3 时，接触器 KM 线圈得电，其主触点闭合，电动机通电转动（此时，SB_3 常闭触点分断，KM 辅助常开触点的自锁动作不起作用）。

当松开 SB_3 时，接触器 KM 线圈失电，其主触点分断，电动机断电停转。

这种按下按钮电动机就转动，松开按钮电动机就停转的操作叫做点动。如机床的某些校准工作需要这种操作。

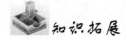

知识拓展

控制电路保护

控制电路一般需具有以下三个保护功能：

（1）短路保护　电路中 FU 起到短路保护作用。一旦电路发生短路事故，熔丝立即熔断，电动机立即停止运行。

（2）过载保护　电路中热继电器起到过载保护作用。如电路发生过载，主电路中的电流增大到超过电动机额定电流，使串接在主电路中的发热元件过热，将热继电器中的常闭触点断开，导致控制电路中的交流接触器吸引线圈 KM 失电，主触点断开，电动机立即停止运行。热继电器的三个发热元件分别串接在主电路的各相线上，即使是断相运行，其他相发热元件仍通有电流也可起到断相保护作用。

（3）失电压保护　电路中交流接触器还起到失电压（零电压）保护作用。在电动机正常运行时，电源突然断电或电源电压严重下降时，吸引线圈 KM 失电，自动切断主电路和自锁回路，电动机停止运行。当电源恢复供电时，电动机不能自行起动，必须重新按下起动按钮 SB_2 才能重新运行。如果不采用交流接触器控制而直接用刀开关进行手动控制，若发生突然断电且未及时拉断刀开关，在电源恢复供电时，电动机将自行起动，可能造成人身设备伤害事故。

4.5.2　异步电动机的正反转与自动往返控制

1. 异步电动机的正反转控制

在生产加工过程中，除了要求电动机实现单向运行外，往往还要求电动机能实现可逆运行。如改变机床工作台的运动方向，起重机吊钩的上升或下降等。由异步电动机的工作原理可知，如果将接至电动机的三相电源进线中的任意两相对调，就可以实现电动机的反转。

图 4-29a 为接触器互锁的电动机正反转控制电路，其中主电路与单向连续运行控制电路相比，只增加了一个反转控制接触器 KM_2。当 KM_1 的主触点接通时，电动机接电源正相序；当 KM_2 的主触点接通时，电动机接电源反相序，从而实现电动机的正转和反转。但为了避免两接触器同时动作而造成电源相间短路，在控制电路中必须采取保护措施。

在图 4-29a 所示的控制电路中，两个接触器的辅助常闭触点 KM_1、KM_2 起着相互控制作用，即一个接触器通电时，其辅助常闭触点会断开，使另一个接触器的线圈支路不能通电。这种利用两个接触器的辅助常闭触点互相控制的方法称为<u>互锁</u>（也称联锁），而这两对起互锁作用的触点称为<u>互锁触点</u>。接触器互锁的正反转控制的工作原理如下：

正转起动：

　　按下 SB_2→KM_1 线圈得电 → KM_1 主触点闭合→M 正转
　　　　　　　　　　　　　　　→KM_1 辅助常闭触点断开→互锁 KM_2 线圈支路
　　　　　　　　　　　　　　　→KM_1 辅助常开触点闭合→自锁

停止：

　　按下 SB_1→KM_1 线圈失电 → KM_1 主触点断开→M 停转
　　　　　　　　　　　　　　　→KM_1 辅助常闭触点复位闭合→互锁解锁
　　　　　　　　　　　　　　　→KM_1 辅助动常开触点断开→自锁解锁

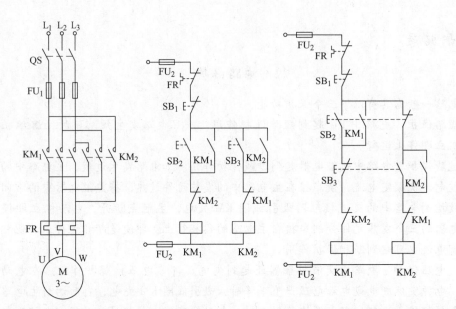

a) 接触器互锁的电动机正反转控制电路　　　　b) 接触器、按钮双重互锁的正反转控制电路

图 4-29　电动机正反转控制电路

反转起动：

按下 $SB_3 \rightarrow KM_2$ 线圈得电 ┬→ KM_2 主触点闭合→M 反转

├→ KM_2 辅助常闭触点断开→互锁 KM_1 线圈支路

└→ KM_2 辅助常开触点闭合→自锁

这种电路保证了主电路的电源不会出现相间短路。如要改变电动机的转向必须先按下停止按钮，使接触器触点复位后，才能按下另一个起动按钮使电动机反向运转。

图 4-29b 为接触器、按钮双重互锁的正反转控制电路。所谓按钮互锁，就是将复合按钮常开触点作为起动按钮，而将其常闭触点作为互锁触点串接在另一个接触器线圈支路中。这样，要使电动机改变转向，只要直接按反转按钮就可以了，而不必先按停止按钮。同时，控制电路中保留了接触器的互锁作用，因此具有双重互锁的功能（其工作原理请大家按上述方法自行分析）。这种双重互锁的正反转控制电路，安全可靠，操作方便，为电力拖动自动控制系统广泛采用。

2. 自动往返控制

生产中常常需要控制某些机械运动的行程，在对工件进行自动加工时，需要通过控制电动机正反转的自动切换，实现工作台的自动往返运动，通常称为自动往返控制，如图 4-30 所示，其工作原理如下：

行程开关 SQ_1 位于生产机械左端需要反向的位置上，而 SQ_2 放在生产机械右端需要反向的位置上，机械撞块 1、2 分别放在运动部件的左侧和右侧。

起动时，按下正转起动按钮 SB_2，KM_1 线圈通电自锁，电动机正转运行并带动机床运动部件左移，当运动部件上的撞块 1 碰撞到行程开关 SQ_1 时，将 SQ_1 压下，使其常闭触点断开，切断了正转接触器 KM_1 线圈回路；同时，SQ_1 的常开触点闭合，接通了反转接触器 KM_2 线圈回路，使 KM_2 得电自锁，电动机由正向旋转变为反向旋转，带动运动部件向右运

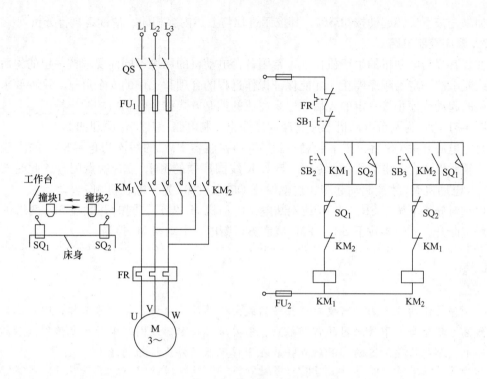

图 4-30　自动往返循环控制电路

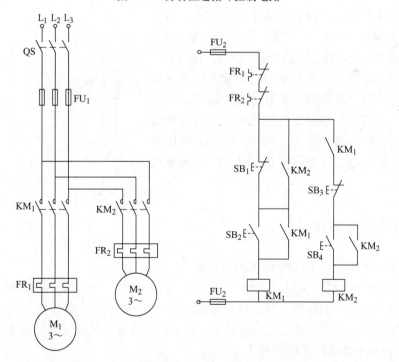

图 4-31　电动机顺序起动逆序停止控制电路

动，当运动部件上的撞块 2 碰撞到行程开关 SQ$_2$ 时，SQ$_2$ 动作，使电动机由反转又转入正转运行，如此往返运动，从而实现运动部件的自动循环控制。

如果先按下反转起动按钮 SB_3，其控制过程与上述内容相同，请读者自行分析。

4.5.3　顺序控制电路

在装有多台电动机的生产机械上，常因各台电动机的用途不同而要求按一定的先后顺序起动或要求按一定的顺序停止，才能保证操作过程的合理和工作的安全可靠。这种要求几台电动机的起动或停止按一定的先后顺序来完成的控制方式称为电动机的顺序控制。

图 4-31 所示为两台电动机顺序起动逆序停止控制电路，其工作原理如下：

合上电源开关 QS 后，按下起动按钮 SB_2→接触器 KM_1 的线圈得电→KM_1 的主触点闭合、自锁触点闭合→电动机 M_1 转动；与 KM_2 线圈串联的 KM_1 常开触点闭合，此时按下按钮 SB_4，电动机 M_2 才能起动起来，这就保证了电动机 M_1 先于电动机 M_2 起动。

停止时先按下按钮 SB_3，KM_2 线圈断电，电动机 M_2 停转；同时并联在 SB_1 两端的 KM_2 常开触点断开，此时再按下 SB_1，KM_1 线圈方可断电，电动机 M_1 停转。

 归纳

　　顺序控制的规律为：若要求甲接触器线圈工作后才允许乙接触器工作，则在乙接触器线圈电路中串入甲接触器的常开触点；若要求乙接触器线圈断电后才允许甲接触器线圈断电，则将乙接触器的常开触点并联在甲接触器的停止按钮两端。

4.5.4　多地控制电路

对于大型生产机械和设备，为了操作方便，需要在几个不同方位进行操作和控制，即实现多地控制。多地控制是用多组起动按钮、停止按钮来进行控制的，这些按钮连接的原则是：各起动按钮的常开触点并联连接，各停止按钮的常闭触点串联连接。这样，在任何一处按下起动按钮，接触器都能通电，电动机都能起动运行；在任何一处按下停止按钮，接触器线圈都断电释放，都能使电动机停止转动。图 4-32 为两地控制电路。

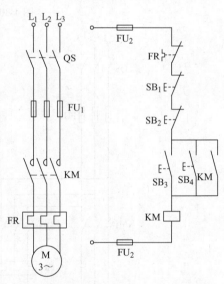

图 4-32　两地控制电路

4.6　单相异步电动机

单相异步电动机的定子绕组由单相电源供电，定子上有一个或两个绕组，而转子大多为笼形的。图 4-33 是单相异步电动机的外形，单相异步电动机的功率一般在 750W 以内，它广泛应用于小型机床、轻工设备、医疗机械、家用电器、电动工具、农用水泵及仪器仪表等众多领域。

4.6.1　单相异步电动机的工作原理

在单相异步电动机的定子绕组通入单相交流电，电动机内产生一个大小及方向随时间沿定子绕组轴线方向的磁场，称为脉动磁场。脉动磁场的产生如图 4-34 所示。

脉动磁场可以分解为两个大小一样、转速相等、方向相反的旋转磁场 B_1、B_2。顺时针方向转动的旋转磁场 B_1 对转子产生顺时针方向的电磁转矩；逆时针方向转动的旋转磁场 B_2 对转子产生逆时针方向的电磁转矩。由于在任何时刻这两个电磁转矩大小相等、方向相反，所以电动机的转子是不会转动的，也就是说，单相异步电动机的起动转矩为零，它不能自行起动，这是单相异步电动机的特点。但一旦转动起来单相异步电动机就能沿着原来的运动方向继续运转。脉动磁场的分解如图 4-35 所示。

　　所以，要使单相异步电动机转动的关键是要产生一个起动转矩，不同类型单相异步电动机产生起动转矩的方法不同，常用的单相异步电动机分为电容分相式和罩极式两种。这里以电容分相式为例介绍单相异步电动机的工作原理。

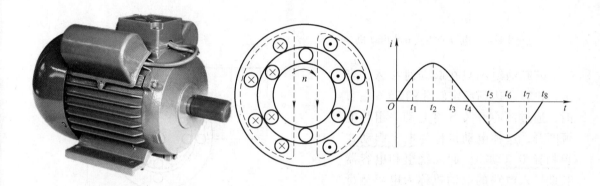

图 4-33　单相异步电动机的外形　　　　　　　　　　图 4-34　脉动磁场的产生

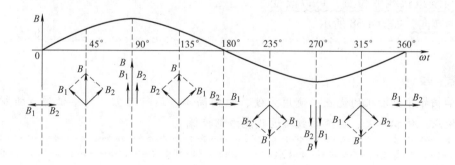

图 4-35　脉动磁场的分解

4.6.2　电容分相式单相异步电动机

　　电容分相式单相异步电动机在定子上装有在空间上互差 90° 的两个绕组，一个称为工作绕组，另一个称为起动绕组。这两个绕组接同一单相电源，为了使起动绕组中电流 i_B 在相位上超前工作绕组电流 i_A 的角度为 90°，在起动绕组中串入一只容量合适的电容器，如图 4-36 所示，其波形图如图 4-37 所示。当相位差等于 90° 的两相交流电 i_A 和 i_B 通入这两个绕组中时，就能产生一个旋转磁场，其原理与三相异步电动机旋转磁场的分析方法相同。在这个旋转磁场作用下，使转子得到起动转矩而转动。

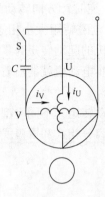

图4-36 电容分相式异步电动机

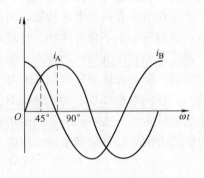

图4-37 两相电流

若起动绕组只在起动时接入，当电动机转速达到额定转速的75%左右时，通过离心开关 S 将起动绕组与电源断开，这种电动机称为电容起动式单相异步电动机。起动绕组和电容器长期接入电路的电动机称为电容运行式单相异步电动机。

单相异步电动机的转动方向取决于工作绕组和起动绕组的相序。改变电容器与绕组接线的位置，可以改变电动机的转向，如图4-38所示。

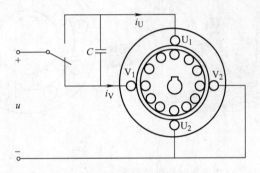

图4-38 单相异步电动机
的正反转原理图

 归纳

单相异步电动机的优点：使用方便、结构简单、运行可靠、价格低廉、维护方便等。缺点：体积较大、功率因数及过载能力都较低。

 注意

三相异步电动机也可能运行在单相情况下，若三相异步电动机的三根电源线断了一相（如一相熔断器熔丝开路），就成为两相运行。此时与电容分相式单相电动机运行情况类似。若在起动时断了一相，电动机将由于起动转矩过小而不能起动，只听到嗡嗡声。这时电流很大，时间长了，电动机将被烧坏。如果在运行中断了一相，电动机将继续转动，若此时还带有额定负载，绕组中的电流势必超过额定电流，时间一长，也会使电动机烧坏。在无过载保护时，这种情况往往不易察觉，使用时必须注意。

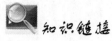

知识链接

稀土永磁电机——电机工业技术发展的重要趋势

高性能稀土永磁电机是许多高新技术产业的基础。它与电力电子技术和微电子控制技术相结合，可以制造出各种性能优异的机电一体化产品，如数控机床、加工中心、柔性生产线、机器人、电动车、高性能家用电器、计算机等。

稀土永磁电机是在 Y 系列电机的基础上，将电机转子嵌入稀土永磁材料而成，与普通电机相比，具有以下优点：

1) 体积小，重量轻，耗材少。由于稀土永磁材料的高磁性能和高矫顽力，实现了电机磁路系统的小型化、轻量化。例如对于 10kW 发电机来说，常规的重量为 220kg，而永磁发电机重量仅为 92kg，相当于常规发电机重量的 45.8%。荷兰飞利浦公司以 70W 微电机做过比较，稀土永磁微电机体积为电流励磁电机的 1/4，为铁氧体励磁电机的 1/2。

2) 高性能化是稀土永磁电机的突出特点，有些性能是传统标准电机所不能及的。例如，数控机床用稀土永磁伺服电机后，调速比高达 1:10000，稀土永磁伺服电机可以实现精密控制驱动，转速控制精度可达 0.01%。它还具有运行精度高（如计算机磁盘驱动器的摆动电机端面与磁盘之间的跳动量要求达到 $0.1 \sim 0.3 \mu m$）、运行噪声小、平稳性好、过载能力大等特点。

3) 稀土永磁电机又是一种高效节能产品，平均节电率高达 10% 以上，专用稀土永磁电机可高达 15% ~ 20%。美国 GM 公司研发的钕铁硼永磁起动电机，与老式串励直流起动电机相比，不仅重量由原来的 6.21kg 降低到 4.2kg，体积减小了 1/3，效率也提高了 45%。在风机、水泵、压缩机需要无级调速的场合，异步电机变频调速可节电 25% 左右，稀土永磁无刷电机可节电 30% 以上。

稀土永磁电机的上述优点加之钕铁硼（NdFeB）等稀土永磁的磁性能高于其他永磁材料，价格又低于钐钴永磁材料，因此，发展永磁同步电动机是新时期电机工业技术发展趋势之一，对它的研究、开发重点已从军用转向工业和民用上。

技能训练五　三相异步电动机连续运行控制电路制作

一、训练目的
1. 掌握三相异步电动机连续运行控制电路的接线、调试技能。
2. 学会用电工工具仪表排除控制电路中出现的故障。

二、训练所用仪器与设备
1. 电气控制技能训练台	1 台
2. 电工常用工具	1 套
3. 万用表	1 块
4. 三相笼型异步电动机	1 台

三、训练内容与步骤
1) 三相异步电动机连续运行控制电路如图 4-39 所示，分析控制电路的工作原理。

2）选择电路制作所需的元器件及工具仪表。

3）电路的连接。

连接电路时，应先连接主电路，后连接控制电路。

4）不通电检查。

首先检查有无绝缘层压入接线端子，再检查裸露的导线线芯是否超过规定，最后检查所有导线与接线端子的接触情况。用手检查端子连接导线，不允许有松脱现象。

用万用表电阻挡检查主电路。断电时人为让接触器线圈吸合，测量主电路每两只熔断器间的电阻值，该值应为电动机绕组电阻，三次测量值应该基本相等。

用万用表电阻挡检查控制电路。取控制电路的两只熔断器为测量点，先检查有无短路。然后按下起动按钮，万用表指示的电阻值应为接触器电磁线圈的直流电阻。

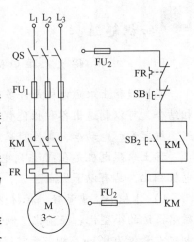

图 4-39　三相异步电动机
连续运行控制电路

5）通电试车。

合上电源开关 QS，按下 SB_1，电动机正转。

按下 SB_2，电动机停转。

若调试过程出现故障，记录出现的故障现象，分析故障原因并说明排除方法。

习　题　四

4-1　简述三相异步电动机的工作原理。

4-2　滚筒式洗衣机的双速电动机在洗衣和脱水时的转速分别是 450r/min 和 1450r/min，试问该双速电动机的两组绕组分别接成多少对磁极？

4-3　一台三相异步电动机的额定电压为 220V，频率为 60Hz，转速为 1140r/min，求电动机的极数和转差率。

4-4　一台 Y225M-4 型三相异步电动机，额定数据见表 4-4。试求：1）额定电流；2）额定转差率 s_N；3）额定转矩 T_N、最大转矩 T_m 和起动转矩 T_{st}。

表 4-4　电动机的铭牌数据

功率	转速	电压	效率	功率因数	I_{st}/I_N	T_{st}/T_N	T_m/T_N
45kW	1480r/min	380V	92.3%	0.88	7.0	1.9	2.2

4-5　三相异步电动机有哪些起动方法？各有什么优缺点？

4-6　笼型异步电动机可采用哪些方法调速？绕线转子异步电动机又可采用哪些方法调速？

4-7　控制电路的主电路中已装有接触器 KM，为什么还要装一个 QS？它们的作用有何不同？

4-8　断路器与熔断器的短路保护各有何异同？什么情况下选用断路器作短路保护？什么情况下选用熔断器作短路保护？

4-9　热继电器的热元件和电动机回路在电路中如何连接？是否可以将其触点与三相电动机的某一相相串联？这样做会产生什么后果？

4-10　热继电器会不会因电动机起动电流大而动作？为什么在电动机过载时会动作？电动机主电路中已装有熔断器，为什么还要装热继电器？

4-11　画出下列电器部件的图形符号并写出它们的文字符号：热继电器、组合开关、接触器、限位开关、速度继电器。

4-12　在电动机控制电路中，怎样实现自锁控制和互锁控制？这些控制起什么作用？

4-13　试举例说明家用电器中，哪些需要控制其正反转？

4-14　在电动机正反转控制电路中，采用了接触器互锁，在运行中发现：合上电源开关，按下正转（或反转）按钮，正转（或反转）接触器就不停地吸合与释放，电路无法工作；当松开按钮时，接触器不再吸合。试分析错误的原因。

4-15　图 4-40 为时间继电器控制的单向反接制动控制电路，试分析其工作原理。

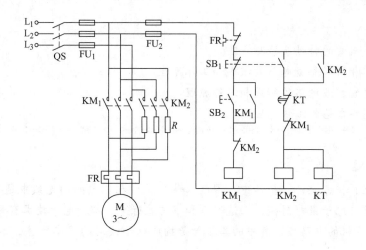

图 4-40　习题 4-15 图

4-16　两条带式运输机分别由电动机 M_1、M_2 拖动，如图 4-41 所示。为了使传送带上不堆积被运送的物料，要求电动机按如下顺序起停：

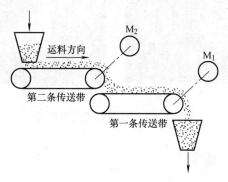

图 4-41　习题 4-16 图

（1）先起动第一条带式运输机的电动机 M_1，后起动第二条带式运输机的电动机 M_2；

（2）停车时的顺序与起动正好相反，先停止电动机 M_2，再停止电动机 M_1。

试画出主电路与控制电路。

4-17　图 4-30 的自动往返循环控制电路中，为避免 SQ_1、SQ_2 动作失灵，要求增加两个行程开关 SQ_3 和 SQ_4 实现终端保护，这两个行程开关应使用常开触点还是常闭触点？应怎样接在电路中？

第5章 二极管及直流稳压电源

◇掌握 PN 结的单向导电性。

◇掌握二极管的特性及检测方法。

◇掌握单相桥式整流电路的组成和工作原理。

◇掌握电容滤波电路的组成和工作原理。

◇了解稳压电路的工作原理。

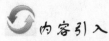

电子设备在科技、生产、生活中应用越来越广泛。人们熟知的无线电通信、电视广播、各种自动化设备、电子医疗器械、人造卫星和宇宙航行等，都和电子技术有着紧密联系。图5-1 是半导体收音机的电路板，其中的二极管是构成电子线路的基本元件，本章我们来学习这方面的知识。

图 5-1　半导体收音机的电路板

5.1　PN 结及半导体二极管

5.1.1　PN 结

1. 半导体基础知识

导电能力介于导体与绝缘体之间的物质称为半导体，常用的半导体材料有硅（Si）和锗（Ge）。半导体的导电能力受以下几种因素影响：

1）半导体的导电能力受环境温度影响很大。例如，纯锗温度每升高 10℃，它的电阻率就会减少到原来的一半左右。利用这种特性就可以做成各种热敏元件。

2）许多半导体受到光照射后，电阻率会下降。例如，硫化镉在没有光照时，电阻高达几十兆欧，而受到阳光照射时，电阻可降到几十千欧。利用这种特性可制成各种光敏元件。

3）在纯净的半导体中掺入微量的某种杂质后，它的导电能力就可增加几十万甚至几百万倍。例如，在纯净硅中掺入百万分之一的硼后，其导电能力增加近百万倍。

纯净的、几乎不含任何杂质的半导体称为本征半导体。本征半导体虽然纯净，但导电能力比较差。如果在本征半导体中掺入微量的某种杂质元素，其导电性能就会得到很大的改善，这种掺入杂质的半导体称为杂质半导体。

随着掺入的杂质元素不同、浓度不同，半导体的导电特性也会产生相应的变化，这样就可以通过改变杂质元素及浓度的大小来控制半导体的导电性能。在本征半导体中掺入微量的 5 价元素（如磷），称为 N 型半导体。在本征半导体中掺入微量的 3 价元素（如硼），称为 P 型半导体。

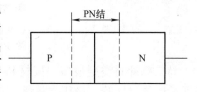

图 5-2 PN 结内部结构示意图

2．PN 结的单向导电性

PN 结是构成各种半导体器件的基础。采用特定的掺杂制造工艺，将半导体的 P 区和 N 区结合在一起，它们的交界面就形成 PN 结，如图 5-2 所示。PN 结具有单向导电性。当 PN 结上加正向电压时（即 P 端电位高于 N 端电位）称为正向偏置。这时，PN 结变窄，结电阻很小，正向电流较大，PN 结处于导通状态，如图 5-3a 所示。当加反向电压时（即 N 端电位高于 P 端电位）称为反向偏置。这时，PN 结变宽，结电阻很大，反向电流很小，PN 结处于截止状态，如图 5-3b 所示。

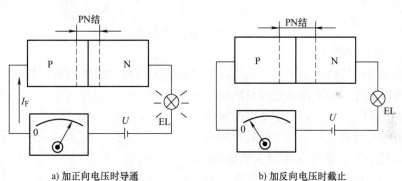

a) 加正向电压时导通　　　　　　　　b) 加反向电压时截止

图 5-3 PN 结的单向导电性

归纳

PN 结处于正向偏置时导通，处于反向偏置时截止，这一特性就称为 PN 结的单向导电性。

5.1.2 半导体二极管

1．二极管的结构及符号

将 PN 结用外壳封装起来，并从 P 型区和 N 型区各引出端线，就构成了半导体二极管，又叫晶体二极管，简称二极管。二极管的内部结构如图 5-4a 所示，由 P 型区引出的电极称为阳极，由 N 型区引出的电极称为阴极。二极管的图形符号如图 5-4b 所示，其中三角箭头表示二极管正向导通时电流的方向，文字符号为 VD。

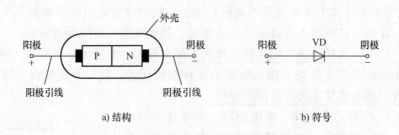

a) 结构　　　　　　　　　　　b) 符号

图5-4　二极管的结构示意图和图形符号

　　二极管的类型很多，按材料来分，有硅二极管、锗二极管；按用途来分，有整流二极管、检波二极管、稳压二极管、开关二极管和光敏二极管等；按二极管的结构来分，有点接触型、面接触型，常用的二极管实物外形如图5-5 所示。

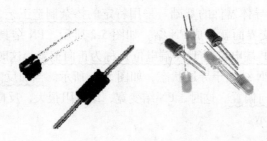

图5-5　常用的二极管实物外形

　　2. 二极管的伏安特性

　　二极管最主要的特性就是单向导电性，可以用伏安特性曲线来说明，如图5-6 所示。二极管的伏安特性曲线分为正向特性和反向特性两部分。

　　（1）正向特性　在二极管两端加正向电压，当电压由零开始增大时，在电压较小的范围内，正向电流小，二极管呈现很大的电阻，如图中 OA 段，通常将这个范围称为死区，相应的电压叫做死区电压（又称为门槛电压）。硅二极管的死区电压约为 0.5V，锗二极管的死区电压为 0.1 ~ 0.2V。

　　当外加电压超过死区电压后，二极管呈现很小的电阻，正向电流 I 迅速增加，这时二极管处于正向导通状态，如图中 AB 段，称为导通区，此时二极管两端电压降变化很小，该电压值称为正向压降（或管压降），常温下硅二极管为 0.6 ~ 0.7V，锗二极管为 0.2 ~ 0.3V。

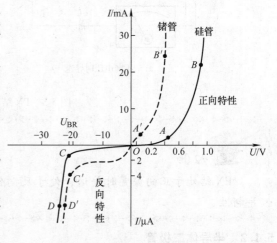

图5-6　二极管伏安特性曲线

有时为了分析方便，忽略二极管正向导通时的压降，即二极管导通压降为零，这样的二极管称为理想二极管。

　　（2）反向特性　在二极管两端加反向电压，由于 PN 结的反向电阻很大，所以反向电压在一定范围内变化时，反向电流非常小，且基本不随反向电压的变化而变化，如图中 OC

段，故称这个电流为<u>反向饱和电流</u> I_S，此时二极管处于截止状态。

（3）反向击穿特性　在图5-6中，当过 C 点后继续增大反向电压时，反向电流在 D 点处突然增大，这种现象称为<u>反向击穿</u>。发生击穿时的电压 U_{BR} 称为反向击穿电压。正常使用二极管时（稳压二极管除外），是不允许出现这种现象的，因为击穿后电流过大将会损坏二极管。各类二极管的反向击穿电压大小不同，通常为几十到几百伏，有时高达数千伏。

3．二极管的主要参数

二极管的参数是合理选择和使用二极管的依据，二极管的主要参数有：

1）最大整流电流 I_{FM}，指二极管长时间使用时，允许通过二极管的最大正向平均电流。当电流超过允许值时，可能使二极管过热而损坏。

2）最大反向工作电压 U_{RM}，指二极管长期运行时能承受的最大反向电压。为保证二极管安全运行，通常最大反向工作电压 U_{RM} 约为击穿电压 U_{BR} 的一半。

3）最大反向电流 I_{RM}，指二极管上加最大反向工作电压时的反向电流值。I_{RM} 越小，二极管的单向导电性越好。

4．二极管的应用

半导体二极管应用十分广泛。二极管在低频电路中主要用于组成整流、限幅、钳位和小电压稳压电路等。

（1）二极管限幅电路　限幅电路是用来限制输入信号电压范围的电路。下面以单向限幅电路为例进行说明。单向限幅电路如图5-7a 所示，二极管为理想二极管，输入电压和输出电压波形如图5-7b 所示。

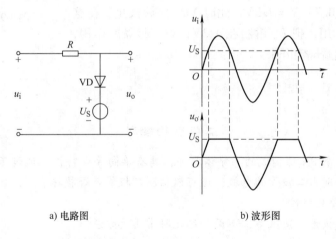

a) 电路图　　　　　　　　　　　b) 波形图

图5-7　单向限幅电路

当 $u_i > U_S$ 时，二极管正向导通，理想二极管导通时正向压降为零，$u_o = U_S$，输入电压正半周超出的部分消耗在电阻 R 上；当 $u_i < U_S$ 时，二极管反向截止，U_S 所在支路断开，电路中电流为零，$u_R = 0$，$u_o = u_i$。该电路使输入信号上半周电压幅度被限制在 U_S 值，称为<u>上限幅电路</u>。U_S 为上门限电压，用 U_{IH} 表示，即 $U_{IH} = U_S$。若将图5-7a 中 U_S、VD 极性均反向连接，可组成下限幅电路，相应有一下门限电压 U_{IL}。

【例 5-1】　如图5-8a 所示电路中，已知 $U_S = 3V$，$R = 100\Omega$，$u_i = 6\sin\omega t V$，试画出输出电压 u_o 的波形。设二极管 VD 是理想二极管。

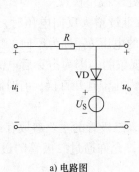
a) 电路图

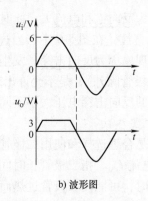
b) 波形图

图 5-8　例 5-1 题图

【解】　由图 5-8a 可知，二极管 VD 的阴极电位为 3V，由于输出端开路，所以当 $u_i > 3V$ 时，VD 正偏导通、管压降为零，输出 $u_o = U_S = 3V$；当 $u_i < 3V$ 时，VD 反偏截止，相当于开路，电阻 R 中无电流，故 $u_o = u_i$，输出波形如图 5-8b 所示。

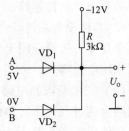

图 5-9　钳位电路

显然，电路将输出电压的正峰值限制在 3V。

（2）钳位电路　钳位电路的作用是将输出电压钳制在一定数值上。在图 5-9 所示电路中，输入端 $V_A = 5V$，$V_B = 0V$，二极管 VD_1 两端的电位差较大而优先导通。它的正向压降为 0.7V，则电压 $U_o = (5 - 0.7)\ V = 4.3V$，此时 VD_2 反偏截止。在这里，VD_1 起钳位作用，把 U_o 钳制在 4.3V；VD_2 起隔离作用，将输入端 B 和输出端隔离开来。

二极管的检测

二极管是由一个 PN 结构成的半导体器件，具有单向导电特性。通过万用表测其正、反向电阻值，可以判别出二极管的电极，还可以估测二极管是否损坏。

1. 判别二极管的极性

判别二极管的极性方法很多，下面介绍几种常用的方法。

首先从外壳的形状上判断，有的二极管将其图形符号印在外壳上，箭头指向的一端为负极；有的二极管用色环或色点来标志（靠近色环的一端为负极）。

若标志模糊、脱落，可用万用表测其正、反向电阻值来确定二极管的电极。

（1）指针式万用表　将万用表置于 $R \times 100$ 挡或 $R \times 1k$ 挡，用万用表的黑表笔和红表笔分别与二极管两个电极相连。当测得电阻较小时，与黑表笔相接的为二极管正极，与红表笔相接的为二极管负极；测得电阻很大时，与红表笔相接的为二极管正极，与黑表笔相接的为二极管的负极。测量方法如图 5-10 所示。

（2）数字式万用表　将旋钮拨至二极管挡位，万用表两表笔分别接在二极管的两个电极上，判别方法与指针式相反，测量数值较小时，与红表笔相接的为二极管的正极；若显示为溢出示数"1"，与红表笔相接的为二极管的负极。

2. 判别二极管的优劣

二极管正、反向电阻的测量值相差越大越好，若测得正、反电阻均为无穷大，说明内部断路；若均为零，说明内部短路；若测得正、反向电阻很接近，二极管已经失去单向导电性，这样的二极管质量很差或已损坏。

硅二极管的正向电阻一般在几百到几千欧姆，锗管小于 $1k\Omega$，若测得正向电阻较小，基本上可以认为是锗管。要想准确地知道二极管的材料，可将二极管接入正偏电路中测其导通压降，若压降为 $0.6 \sim 0.7V$，则是硅管；若压降为 $0.2 \sim 0.3V$，则是锗管。当然，利用数字式万用表的二极管挡，也可以很方便地知道二极管的材料。

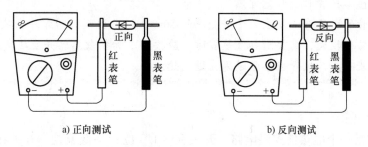

a) 正向测试　　　　　　　　　b) 反向测试

图 5-10　二极管极性的判别

5. 特殊二极管

除了普通二极管外，还有一些特殊用途的二极管，如稳压二极管、发光二极管等，如图 5-11 所示。

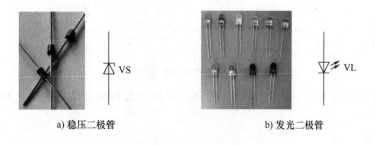

a) 稳压二极管　　　　　　　　b) 发光二极管

图 5-11　稳压二极管与发光二极管

（1）稳压二极管　稳压二极管是一种特殊的面接触型二极管。由于它有稳定电压的作用，故称稳压管。稳压管是利用二极管的反向击穿特性工作的，若二极管工作在反向击穿区，反向电流变化很大的情况下，反向电压变化很小，因此有很好的稳压作用。

由于硅管的热稳定性比锗管好，因此一般都用硅稳压二极管，如 2CW 型和 2DW 型。稳压二极管的电路符号如图 5-11a 所示。使用稳压二极管应注意其最大耗散功率、最大工作电流和稳定电压等参数。

（2）发光二极管　发光二极管是由化合物半导体（如砷化镓、磷化镓）制成的，当它正向导通时会发光，常用作指示灯或者数字显示。发光二极管的发光颜色与二极管制造材料及工艺有关，有红、绿、黄、橙色等。发光二极管的导通电压比普通二极管要高，一般为 $1.2 \sim 3V$。发光二极管的电路符号如图 5-11b 所示，使用发光二极管应注意其导通电压、工作电流及反向耐压等参数。

注意

二极管在使用时要注意以下事项：

1）加在二极管上的电流、电压、功率以及环境温度等都不应超过所允许的极限值。

2）二极管在容性负载电路中工作时，额定整流电流值应降低20%使用。

3）二极管在三相电路中使用时，所加的交流电压须比相应的单相电路中降低15%。

4）在焊接二极管时应避免过热。

5）二极管的引线弯曲处应大于外壳端面5mm，以免引线折断或外壳破裂。

6）对于功率较大，需要附加散热器时，应按要求加装散热器并使之良好接触。

7）在安装时，二极管应尽量避免靠近发热元件。

课堂练一练

1. 图5-12是一个电热毯控温电路。开关在"1"位置是低温挡，开关在"2"位置是高温挡，试分析其工作原理。

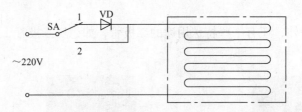

图 5-12　电热毯控温电路

2. 输入电压如图5-13所示，设二极管正向压降和反向电流均可忽略，试画出输出电压波形图。

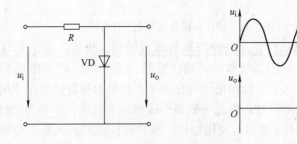

图 5-13　题 2 图

5.2　直流稳压电源

生活、生产与科研中常需要直流电源，例如电子测量仪器、电子计算机、自动控制装置、直流电磁铁等。目前广泛采用的是由交流电源经变压、整流、滤波、稳压四部分组成直流电源，图 5-14 是直流稳压电源的组成框图和对应的波形图。

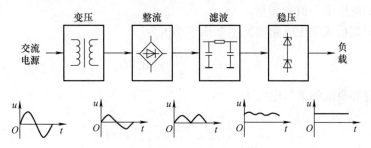

图 5-14　直流稳压电源的组成框图和对应的波形图

变压器将 220V 的工频交流电变换为所需要的交流电压。整流电路将工频交流电转换为脉动直流电。滤波电路将脉动直流电中的交流成分滤除，减少交流成分，保留直流成分，使输出波形变平滑。稳压电路对整流后的直流电压做进一步稳定。

5.2.1　单相整流电路

二极管具有单向导电性，因此可以利用二极管的这一特性组成整流电路。在小功率直流电源中，经常采用单相半波整流、单相全波整流和单相桥式整流电路三种形式。这里只介绍单相桥式整流电路。

单相桥式整流电路的组成如图 5-15a 所示，电路中采用了四个二极管，互相接成桥式，故称桥式整流电路，电路也可简化成图 5-15b 的形式。

图 5-15c 所示为单相桥式整流电路波形图，在 u_2 的正半周时，$u_2 > 0$，VD_1、VD_4 导通，VD_2、VD_3 截止，故有图示 i_{D1}（i_{D4}）的波形；同样，在 u_2 的负半周时，$u_2 < 0$，VD_1、VD_4 截止，VD_2、VD_3 导通，故有图示 i_{D2}（i_{D3}）的波形。

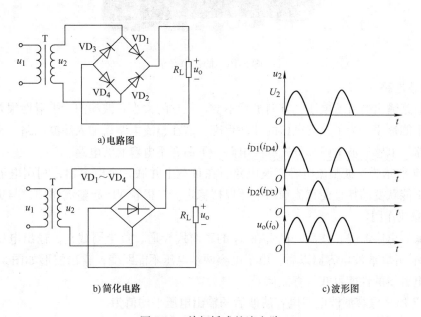

a) 电路图

b) 简化电路

c) 波形图

图 5-15　单相桥式整流电路

可见，在 u 的正、负半周均有电流流过负载电阻 R_L，且电流方向一致，综合得到 u_o（i_o）的波形。负载上得到的虽然是单方向且大小也变化的单向脉动电压（或电流），但可以用一个周期内的电压平均值来衡量。

计算可得单相桥式整流电路的输出电压平均值为

$$U_{o(AV)} = 2\frac{\sqrt{2}U_2}{\pi} \approx 0.9U_2 \tag{5-1}$$

流过二极管和负载的平均电流为

$$I_{D(AV)} \approx \frac{0.9U_2}{R_L} \tag{5-2}$$

二极管承受的反向电压为

$$U_{Dmax} = \sqrt{2}U_2 \tag{5-3}$$

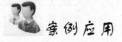 案例应用

低音炮音箱

如图 5-16 所示，日常生活中使用的低音炮音箱，有些采用了专业的桥式整流技术，通过内置的桥式整流电路，使得低频带通电路的信号顺畅与稳定，可以使声音更加纯净。

图 5-16 低音炮音箱

5.2.2 滤波电路

整流电路输出的直流电压，方向虽然不变，但它的大小是波动的，平滑性很差，在有些设备中还不能适用。为了改善电压的波动程度，需在整流电路后加入滤波电路。常见的有电容滤波电路、电感滤波电路和复式滤波电路。下面介绍电容滤波电路。

图 5-17 所示为半波整流电容滤波电路，在负载上并联一个电容器，利用电容器充放电时端电压不能跃变的特性使直流输出电压保持稳定。二极管 VD 起整流作用，与负载并联的电容 C 起滤波作用。

未接滤波电容器时，整流二极管在 u_2 的正半周导通，负半周截止，输出电压波形如图 5-18a 所示；并联滤波电容器以后，由于电容两端电压不能跃变，输出波形如图 5-18b 所示。改善滤波电容器的性能可获得直流信号。

图 5-17 所示电容滤波电路电容滤波后的输出电压平均值为

$$U_o = U_2 \tag{5-4}$$

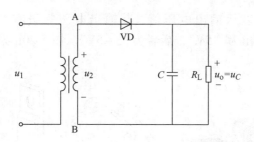

图 5-17　电容滤波电路

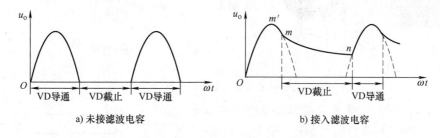

a) 未接滤波电容　　　　　　　　　　　b) 接入滤波电容

图 5-18　滤波前和滤波后的波形图

注意

　　滤波电容容量较大，一般用电解电容，应注意电容的正极性接高电位，负极性接低电位，如果接反则容易损坏器件。

5.2.3　稳压电路

　　通过整流滤波电路所获得的直流电压是比较稳定的，但当交流电网电压波动或负载变化时，仍会造成输出的直流电压不稳定。因此，在滤波电路之后，往往需要增加稳压电路。下面介绍几种常用的稳压电路。

　　1. 稳压管稳压电路

　　由硅稳压管组成的并联型稳压电路如图 5-19 所示。由图中可以看出

$$U_i = U_o + I_R R \qquad I_R = I_z + I_o$$

若电网电压或负载 R_L 的变化引起 U_o 略有增大，I_z 随之显著增大，$I_R R$ 同时增加，增加的电压落在 R 上，负载电压 U_o 基本保持不变，达到稳压的目的。

　　2. 集成稳压电路

　　将稳压电路的调整管、比较放大、基准稳压、取样、起动和保护电路等元器件全部做在一块芯片上，就是集成稳压电路。集成稳压电路的类型很多，以小功率的三端式串联型稳压电路的应用最为普遍。

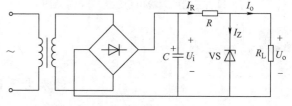

图 5-19　硅稳压管并联型稳压电路

　　（1）三端固定式集成稳压器　常用的三端固定式集成稳压器有 78××和 79××两种系列，其实物图如图 5-20a 所示。W78××系列输出为正电压值，W79××系列输出为负电压

值，型号中最后两位数表示输出电压值，其输出电压等级有 5/6/9/12/15/18/24V，如 W7805、W7905，前者输出为 "5V"，后者为 " −5V"。图 5-20b 为 78×× 系列稳压器端子示意图。

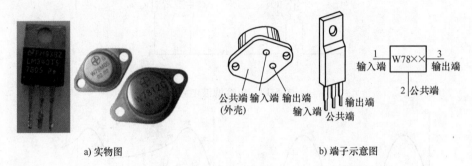

a) 实物图 　　　　　　　　　　　　　　　b) 端子示意图

图 5-20　三端固定式集成稳压器实物与端子示意图

图 5-21 为 7805 三端固定式集成稳压器的基本应用电路。其中，1 端为输入端；2 端为公共端；3 端为输出端。

（2）三端可调输出稳压器　常用的可调输出稳压器有 W117/217/317 和 W137/237/337 等，前者输出为正，后者输出为负，其端子示意图如图 5-22 所示。三端可调输出稳压器 W317 的输出电压范围为 1.2～37V 连续可调，其基本应用电路如图 5-23 所示。

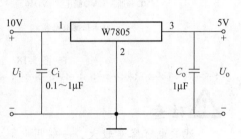

图 5-21　7805 三端固定式集成稳压器的基本应用电路

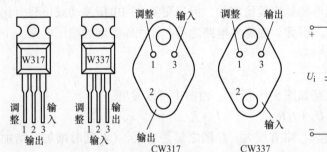

图 5-22　三端可调输出稳压器端子示意图

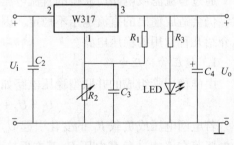

图 5-23　三端可调输出稳压器的基本应用电路

 知识链接

纳米电子器件

纳米电子器件指利用纳米级加工和制备技术，如光刻、外延、微细加工、自组装生长及分子合成技术等，设计制备而成的具有纳米级（1～100nm）尺度和特定功能的电子器件。

纳米电子技术是指在纳米尺寸范围内构筑纳米和量子器件，集成纳米电路，从而实现量子计算机和量子通信系统的信息计算、传输与处理的相关技术。其中，纳米电子器件是目前纳米电子技术发展的关键与核心。现在，纳米电子技术正处在蓬勃发展时期，其最终目标在于立足最新的物理理论和最先进的工艺手段，突破传统的物理尺寸与技术极限，开发物质潜在的信息和结构潜力，按照全新的概念设计制造纳米器件、构造电子系统，使电子系统的储存和处理信息能力实现革命性的飞跃。

目前，人们利用纳米电子材料和纳米光刻技术，已研制出许多纳米电子器件，如电子共振隧穿器件（共振二极管、三极共振隧穿晶体管）、单电子晶体管、金属基、半导体、纳米粒子、单电子静电计、单电子存储器、单电子逻辑电路、金属基单电子晶体管存储器、半导体存储器、硅纳米晶体制造的存储器、纳米浮栅存储器、纳米硅微晶薄膜器件和聚合体电子器件等。

课堂练一练

1. 交流电通过整流电路后，所得到的输出电压是＿＿＿＿＿＿＿。

A. 交流电压　　　B. 稳定的直流电压　　　C. 脉动的直流电压

2. 滤波的主要目的是＿＿＿＿＿＿＿。

A. 将交流变直流　　B. 将高频变低频　　C. 将交、直流混合量中的交流成分去掉

技能训练六　整流滤波电路测试

一、训练目的

1. 学会二极管的检测方法。
2. 掌握桥式整流电路输入、输出电压之间的关系。
3. 掌握电容滤波后的电压输入、输出之间的关系。
4. 能熟练使用示波器观测波形。

二、训练所用仪器与设备

1. 模拟电子技术技能训练箱　　　　　　　　　　　　　　　　1 套
2. 万用表　　　　　　　　　　　　　　　　　　　　　　　　1 只
3. 双踪示波器　　　　　　　　　　　　　　　　　　　　　　1 台

三、训练内容与步骤

1. 二极管的检测与识别

1）用万用表判断二极管的极性。

2）将万用表分别置不同挡，测量并观察二极管正、反向电阻的变化情况，将结果填入表 5-1 中。

表 5-1　二极管测量

序号	二极管型号	$R \times 100$		$R \times 1k$		$R \times 10k$		材料		质量	
		正向	反向	正向	反向	正向	反向	硅	锗	好	坏
1											
2											
3											
4											

2. 整流电路参数测试

1）按图 5-24 所示桥式整流、滤波电路示意图连接电路。

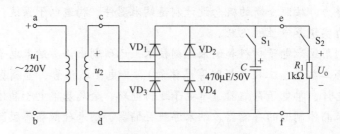

图 5-24　桥式整流、滤波电路

2）使用万用表的交流挡，测量变压器一次电压 U_{ab} = _____ ，二次电压 U_{cd} = _____ 。

3）将开关 S_1 断开，S_2 合上，使用万用表的直流挡，测量整流电路输出电压 U_{ef} = _____ ，使用示波器观测输出电压波形，计算输入、输出电压的关系。

4）将开关 S_1、S_2 合上，使用万用表的直流挡，测量滤波电路输出电压 U_{ef} = _____ ，使用示波器观测输出电压波形，计算输入、输出电压的关系。

5）将开关 S_1 合上，S_2 断开，使用万用表的直流挡，测量滤波电路输出电压 U_{ef} = _____ ，使用示波器观测输出电压波形，计算输入、输出电压的关系。

四、训练报告

1. 对上述三种情况所测量的电压值进行分析。

2. 记录并分析三种情况下的示波器波形。

习　题　五

5-1　填空题

1. 杂质半导体分为_____型半导体和_____型半导体两大类。

2. PN 结具有_____性，_____偏置时导通；_____偏置时截止。

3. 用万用表测量二极管的正向电阻时，应该将万用表的红表笔接二极管的_____极，将黑表笔接二极管的_____极。

4. 硅二极管的导通压降为_____，锗二极管的导通压降为_____。

5. 整流电路是利用二极管的_____，将正负交替的正弦交流电压变换成单方向的脉动电压。

6. 在单相桥式全波整流电路中，所用整流二极管的数量是_____只。

7. 滤波电路的作用是将_____直流电变为_____直流电。

8. 稳压电路的作用是在_____波动或_____变动的情况下，保持_____不变。

9. 要获得 9V 的固定稳定电压，集成稳压器的型号应选用_____；要获得 –6V 的固定稳定电压，集成稳压器的型号应选用_____。

5-2　简答题

1. 什么是 N 型半导体，什么是 P 型半导体？

2. 二极管导通时，电流是从哪个电极流入？从哪个电极流出？

3. 什么叫整流？桥式整流电路有什么特点？

4. 什么叫滤波？常见的滤波电路有几种形式？

5-3　在图 5-25 所示电路中，图_____的指示灯不会亮。

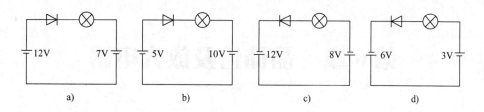

图 5-25　习题 5-3 图

5-4　在图 5-26 所示的各电路中，已知直流电压 $U_i = 3V$，电阻 $R = 1k\Omega$，二极管的正向压降为 0.7V，求 U_o。

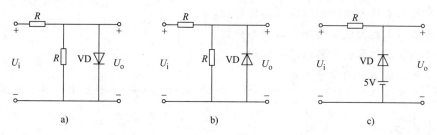

图 5-26　习题 5-4 图

5-5　图 5-27 所示电路为直流稳压电路，指出图中错误，并说明原因，画出正确电路图。

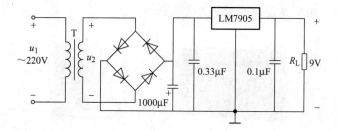

图 5-27　习题 5-5 图

第6章　晶体管及放大电路

◇熟悉晶体管的基本结构及主要特性。
◇掌握基本放大电路的组成及工作原理。
◇掌握基本放大电路的静态及动态分析。
◇掌握集成运算放大器的基础知识。
◇了解集成运放的常见应用。

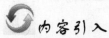

晶体管是收音机、扩音机（见图6-1）、电视机等各种电子设备中最重要的元件，它的出现使电子技术发生了飞跃发展，为后来集成电路快速发展奠定了基础。集成电路已被广泛运用于工农业生产、国防建设和人们的日常生活中。

图6-1　收音机和扩音机

6.1　晶体管

6.1.1　晶体管的结构及符号

晶体管是在本征半导体中掺入不同杂质制成两个背靠背的 PN 结。根据 PN 结的组成方式晶体管分为 NPN 型和 PNP 型，外形如图6-2所示，结构及符号如图6-3所示。在电路中晶体管的文字符号用字母 VT 来表示。

图6-2　晶体管外形

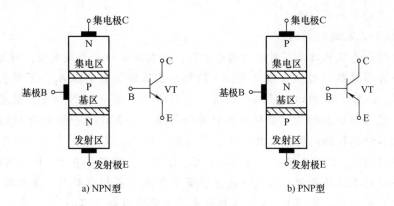

图 6-3 晶体管结构示意图及符号

由图 6-3 可见，<u>无论是 NPN 型还是 PNP 型的晶体管，它们都具有三个区：发射区、基区和集电区，并相应地引出三个电极：发射极（E）、基极（B）和集电极（C），发射区和基区之间的 PN 结称为发射结，集电区和基区之间的 PN 结称为集电结。</u>晶体管符号中的箭头表示管内电流的方向。

动动手

晶体管管脚识别

1. 基极的判别

可利用 PN 结的单向导电性，用万用表电阻挡进行判别。例如测 NPN 型晶体管，当黑表笔接基极 B，红表笔分别搭试其他两个电极时，如图 6-4a 所示，测得电阻均较小，约几百欧至几千欧（对 PNP 型管，则测得电阻均较大）；若将黑、红表笔位置对调，测得阻值均较大，约几百千欧以上（对 PNP 型管则应均较小）。

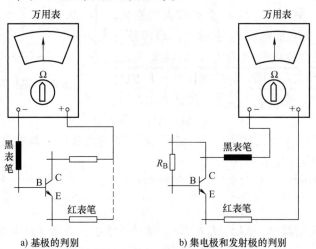

a) 基极的判别   b) 集电极和发射极的判别

图 6-4 晶体管管脚判别

在判别未知管型和电极的晶体管时，先任意假设基极进行测试，当符合上述测试结果时，则可判定假设的基极是正确的；若不符合，则需换一个管脚假设为基极，重复以上测试，直到判别出管型和基极为止。

2. 集电极和发射极的判别

在判定管型和基极基础上，对另外两个管脚，任意假设一个为集电极，则另一个就视为发射极，用手指搭接在 C 极和 B 极之间，手指相当于基极偏置电阻 R_B，万用表两表笔分别与 C、E 连接，如图 6-4b 所示。连接极性需视管型而定，图中 NPN 管型，黑表笔与假设 C 极相接，红表笔与 E 极相接，然后观察指针偏转角度，再假设另一管脚为 C 极，重复测一次，比较两次指针偏转的程度，大的一次，表明集电极电流 I_C 大，管子是处于放大状态工作，则这次假设的 C、E 是正确的。当判别出 C、E 极后，将搭接在 C、B 之间的手指松开，使基极开路，此时表上的指示可以反映晶体管穿透电流（基极开路时，集电极-发射极间的反向饱和电流）的大小，测得 C、E 间电阻越大，表明穿透电流越小。

3. 晶体管质量的判断

在测试过程中，如果测得发射结或集电结正反向电阻均很小或均趋向无穷大，则说明此结短路或断路了；若测得集电极、发射极间电阻不能达到几百千欧，说明此管穿透电流较大，性能不良。

6.1.2 晶体管的电流放大作用

晶体管是放大电路的核心器件，在模拟电路中经常用来放大信号。NPN 管和 PNP 管的放大原理相同，下面以 NPN 管为例，说明它的放大作用。

如图 6-5 所示，各极电流之间的分配关系符合基尔霍夫电流定律（若将晶体管看成一个节点，流入晶体管的电流之和等于流出晶体管的电流之和）。在 NPN 型晶体管中，I_B、I_C 流入，I_E 流出；在 PNP 管中，则是 I_E 流入，I_B、I_C 流出。

$$I_E = I_B + I_C$$

如果基极电压 U_B 有微小变化，基极电流 I_B 也会随之有微小的变化，集电极电流 I_C 会有较大的变化。基极电流 I_B 越大，集电极电流 I_C 也越大，即基极电流 I_B 的微小变化使得集电极电流 I_C 发生较大变化，这就是晶体管的电流放大作用。I_C 的变化量与 I_B 的变化量之比称为晶体管的电流放大倍数，用 β 表示，即

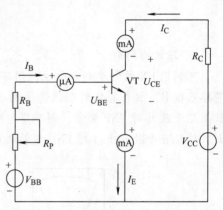

图 6-5 晶体管电流放大电路

$$\beta = \Delta I_C / \Delta I_B \approx I_C / I_B \tag{6-1}$$

β 表征晶体管的电流放大能力，当一个晶体管制造出来后，其电流放大倍数也就确定了，一般在 20～200 之间。

> **小提示**
>
> 在小信号放大电路中，$\Delta I_C / \Delta I_B$ 与 I_C / I_B 值差别很小，在估算放大电路时常将两者等同。值得注意的是，被放大的集电极电流 I_C 是电源 V_{CC} 提供的，并不是晶体管自身生成了能量，它实际体现了用小信号控制大信号的一种能量控制作用。

6.1.3　晶体管的特性曲线

晶体管的特性曲线用来表示各极电压和电流之间的关系曲线，反映了晶体管的性能，是分析放大电路的重要依据。晶体管的共发射极接法应用最广，下面以 NPN 管共发射极接法为例来分析晶体管的特性曲线。

1．输入特性曲线

输入特性曲线是当集电极-发射极电压 U_{CE} 为常数时，输入回路中基极电流 I_B 与基极-发射极电压 U_{BE} 之间的关系曲线，即 $I_B = f(U_{BE})$，与二极管的正向特性类似，如图 5-6 中第一象限所示。

2．输出特性曲线

输出特性曲线是当基极电流 I_B 为常数时，输出电路中集电极电流 I_C 与集电极-发射极电压 U_{CE} 之间的关系曲线，即 $I_C = f(U_{CE})$。当 I_B 不同时可得到不同的曲线。所以晶体管的输出特性曲线是一组曲线，如图 6-6 所示。通常将晶体管的输出特性曲线分成三个区域。

（1）放大区　输出特性曲线近于水平的部分是放大区。在该区域内，$I_C = \beta I_B$，体现了晶体管的电流放大作用。晶体管工作在放大区，发射结处于正向偏置，集电结处于反向偏置。

（2）截止区　$I_B = 0$ 曲线以下部分称为截止区，发射结零偏或反偏，集电结反偏，此时晶体管不导通，$I_C \approx 0$，输出特性曲线是一条几乎与横轴重合的直线。

（3）饱和区　图 6-6 中位于左偏上部分区域称为饱和区，在该区域内，I_C 与 I_B 不成比例，β 值不适用于该区，晶体管工作在饱和导通状态。晶体管工作在饱和区时发射结和集电结都处于正向偏置。饱和时的 U_{CE} 称为饱和压降，用 U_{CES} 表示。饱和导通时的集电极-发射极电压 U_{CES} 很小，通常小于 0.5V。

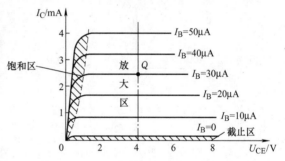

图 6-6　晶体管输出特性曲线

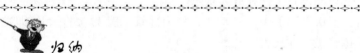

归纳

晶体管在放大电路中应工作在放大区，而开关电路中则工作在截止区和饱和区。对于 NPN 型晶体管，工作于截止区时，$V_C > V_E > V_B$；工作于放大区时，$V_C > V_B > V_E$；工作于饱和区时，$V_B > V_C > V_E$。

6.1.4　晶体管的主要参数

晶体管的性能除了用输入和输出特性曲线表示外，还可用一些参数来表示它的性能和使用范围。常用的主要参数包括如下几个。

1．共发射极电流放大系数 β

当晶体管接成共发射极电路时，集电极电流的增量与基极电流增量之比称为共发射极电流放大系数 β，即

$$\beta = \Delta I_C / \Delta I_B$$

2. 集电极最大允许电流 I_{CM}

集电极最大允许电流 I_{CM} 表示当晶体管的 β 值下降到其额定值 2/3 时所允许的最大集电极电流。当集电极电流超过该参数时，并不一定损坏管子，但 β 值下降太多可能使放大电路不能正常工作，一般小功率管的 I_{CM} 约为几十毫安，大功率管可达几安。

3. 集电极-发射极反向击穿电压 $U_{(BR)CEO}$

当基极开路时，集电极、发射极之间的最大允许反向电压称为集电极-发射极反向击穿电压。一旦集电极-发射极电压 U_{CE} 超过该值时，晶体管可能被击穿。

4. 集电极最大允许耗散功率 P_{CM}

晶体管工作时，由于集电结承受较高的反向电压并通过较大的电流，故将消耗功率而发热，使结温升高。P_{CM} 是指在允许结温（硅管约为150℃，锗管约为70℃）下，集电极允许消耗的最大功率，称为集电极最大允许耗散功率。

【例6-1】 已知晶体管各极电位如图6-7所示，试判断晶体管是硅管还是锗管，分别处于何种工作状态（饱和、放大或截止）？

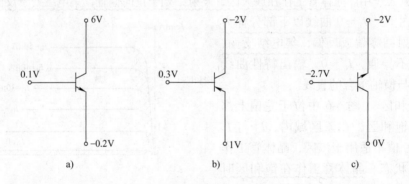

图 6-7 例 6-1 图

【解】 图6-7a 为 NPN 型管，$U_{BE} = 0.1V - (-0.2)V = 0.3V$，故为锗管。因 $V_C > V_B > V_E$ 即发射结正偏，集电结反偏，故该晶体管工作在放大状态。

图6-7b 为 PNP 型管，$U_{BE} = (0.3 - 1)V = -0.7V$，故为硅管。因 $V_C < V_B < V_E$ 即发射结正偏，集电结反偏，故该晶体管工作在放大状态。

图6-7c 为 NPN 型管，$U_{BE} = -2.7V - (-2)V = -0.7V$，故为硅管。因 $V_B < V_E < V_C$ 即发射结反偏，集电结反偏，故该晶体管工作在截止状态。

小提示

判断硅管和锗管主要看发射结导通压降的大小。若 $|U_{BE}| \leqslant 0.7$ V 左右，则为硅管；$|U_{BE}| \leqslant 0.3$ V 左右，则为锗管。判断晶体管的状态，主要看发射结和集电结的偏置状态。

课堂练一练

1. 晶体管的三个电极的电流是什么关系？

2．晶体管的发射极与集电极是否可调换使用？为什么？

3．晶体管分别工作在放大区、饱和区、截止区时，它的三个电极的电位有何不同？NPN 型管和 PNP 型管有何区别？

4．在一放大电路中，测得某晶体管三个电极的对地电位分别为 −6V、−3V、−3.2V，试判断该晶体管是 NPN 型还是 PNP 型？锗管还是硅管？并确定三个电极。

6.2　共发射极基本放大电路

由晶体管组成的基本放大电路是电子设备中应用最为广泛的基本单元电路。根据放大电路工作组态的不同，晶体管放大电路可分为共发射极、共集电极和共基极放大电路，如图 6-8 所示，其中共发射极放大电路应用最为广泛，共发射极放大电路是以发射极为输入回路和输出回路的公共端。无论哪种方式，要使晶体管有放大作用，都必须保证发射结正偏，集电结反偏。下面以共发射极放大电路为例，讨论放大电路的电路结构、工作原理及分析方法。

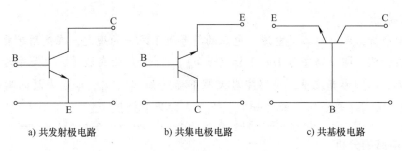

a) 共发射极电路　　　b) 共集电极电路　　　c) 共基极电路

图 6-8　晶体管放大电路的三种组态

6.2.1　放大电路的组成和工作原理

1．放大电路的组成

图 6-9 所示的是共发射极基本放大电路，输入端接交流信号源，输入电压为 u_i，输出端接负载电阻 R_L，输出电压为 u_o。电路中各元器件的作用如下：

（1）晶体管 VT　它是放大电路的核心，起电流放大作用。

（2）直流电源 V_{CC}　它一方面与 R_B、R_C 配合，保证晶体管的发射结正偏、集电结反偏，即保证晶体管工作在放大状态；另一方面 V_{CC} 也是放大电路的能量来源。V_{CC} 一般在几伏到十几伏之间。

（3）基极偏置电阻 R_B　它与电源 V_{CC} 配合决定了基极电流 I_B 的大小。R_B 的值一般为几十欧至几百千欧。

（4）集电极负载电阻 R_C　将集电极电流的变化量转换为电压的变化量，反映到输出端，从而实现电压放大。R_C 的值一般为几千欧至几十千欧。

（5）耦合电容 C_1 和 C_2　它们的作用是"隔直流通交流"。隔离信号源与放大电路之间、放大电流与负载之间的直流信号，使交流信号能顺利通过。注意，此电容为有极性的电解电容，连接时要注意极性，一般是几微法至几十微法。

2. 放大电路的工作原理

放大电路的功能是将微小的输入信号放大成较大的输出信号。

在图 6-9 所示的电路中，在放大电路的输入端加上交流信号 u_i，经电容 C_1 传送到晶体管的基极，则基极与发射极之间的电压 u_{BE} 也将随之发生变化，产生变化量 Δu_{BE}，从而产生变化的基极电流 Δi_B，因晶体管处于放大状态，进而产生一个更大的变化量 Δi_C（$\beta\Delta i_B$），这个集电极电流的变化量流过集电极负载电阻 R_C 和负载电阻 R_L 时，将引起集电极与发射极之间的电压

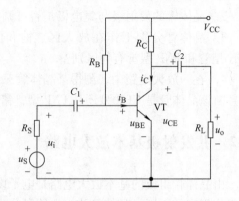

图 6-9　共发射极基本放大电路

u_{CE} 也发生相应的变化。可见，微小输入电压的变化量 Δu_i 加在输入端，在输出端将获得一个比较大的变化量 Δu_{CE}，从而实现交流电压信号的放大。

小·提示

为便于分析，本书对各类电流、电压的符号做了统一的规定，在使用时要注意区分各个符号的含义。即小写字母小写下标（如 u_{be}，i_b，i_c）为交流量，大写字母大写下标（如 U_{BE}，I_B，I_C）为直流量，小写字母大写下标（如 u_{BE}，i_B，i_C）为总的瞬时量（直流 + 交流），大写字母小写下标（如 U_{be}，I_b，I_c）为有效值。

6.2.2　放大电路的分析

对放大电路的分析包括静态分析和动态分析。静态分析的对象是直流量，用来确定放大电路的静态工作点；动态分析的对象是交流量，用来求得放大电路的性能指标。

1. 放大电路的静态分析

放大电路的静态分析是指放大电路没有信号输入（$u_i = 0$）时的工作状态。静态分析时要确定放大电路的静态值 I_{BQ}、I_{CQ}、U_{BEQ} 和 U_{CEQ}，称为静态工作点 Q。

静态值既然是直流，就可以直接从放大电路的直流通路（直流电流流通的路径）求得。对于如图 6-9 所示的电路图，由于电容 C_1、C_2 具有隔直流通交流的作用，可视为开路，因而直流通路如图 6-10 所示。

首先，估算基极电流 I_{BQ}，再估算 I_{CQ} 和 U_{CEQ}：

$$I_{BQ} = \frac{V_{CC} - U_{BEQ}}{R_B} \tag{6-2}$$

U_{BEQ} 的估算值，对于硅管取 0.7V；对于锗管取 0.3V。一般 $V_{CC} \gg U_{BEQ}$，故式（6-2）可近似为

$$I_{BQ} \approx \frac{V_{CC}}{R_B} \tag{6-3}$$

$$I_{CQ} \approx \beta I_{BQ} \tag{6-4}$$

$$U_{CEQ} = V_{CC} - I_{CQ}R_C \tag{6-5}$$

至此，根据式（6-2）~式（6-5）就可以估算出放大电路的静态工作点。使用式（6-2）

的条件是晶体管工作在放大区。如果算得 U_{CEQ} 值小于 1V，则说明晶体管已处于或接近饱和状态，I_{CQ} 将不再与 I_{BQ} 成 β 倍线性比例关系。

【例 6-2】 试求图 6-11a 所示放大电路的静态工作点，已知该电路中的晶体管 $\beta = 37.5$，$V_{CC} = 12V$。

【解】 首先画出图 6-11a 电路的直流通路如图 6-11b 所示，由直流通路可知

$$I_B \approx \frac{V_{CC}}{R_B} = \frac{12}{300} mA = 0.04mA = 40\mu A$$

$$I_C = \beta I_B = 37.5 \times 0.04\ mA = 1.5mA$$

$$U_{CE} = V_{CC} - I_C R_C = 12V - 1.5 \times 4V = 6V$$

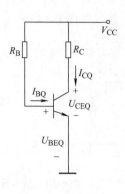

图 6-10 基本放大
电路直流通路

2. 放大电路的动态分析

动态是指放大电路输入端有交流信号时的工作状态。此时放大电路在直流电压和交流输入信号共同作用下工作。动态分析是在静态值确定后分析信号的传输情况，主要是确定放大电路的电压放大倍数 A_u、输入电阻 R_i 和输出电阻 R_o 等。微变等效法是动态分析的基本方法，它的分析步骤如下：

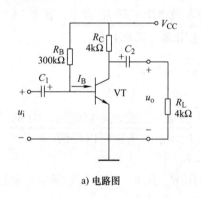

a) 电路图

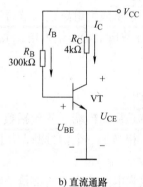

b) 直流通路

图 6-11 例 6-2 图

（1）画出交流通路 交流通路是在 u_i 单独作用下的电路，由于电容 C_1、C_2 具有隔直流通交流的作用，可视为短路，直流电源 V_{CC} 不作用，即将其对地短接，得到交流通路如图 6-12 所示。

（2）画出微变等效电路 由于晶体管工作在放大状态，Δi_B 与 Δu_{BE} 可近似看作线性关系。这时，晶体管输入端可以等效为一个电阻 r_{be}，晶体管输出端可以等效为一个受控源。晶体管的小信号等效模型如图 6-13 所示。

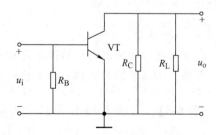

图 6-12 基本放大电路交流通路

$$r_{be} = 300\Omega + (1 + \beta) \frac{26mV}{I_{EQ}} \tag{6-6}$$

式（6-6）中，r_{be} 是动态电阻，只能用于计算交流量，r_{be} 一般为几百欧到几千欧。

将其交流通路（见图 6-12）中的晶体管 VT 用小信号模型代替，得到放大电路的微变等

效电路，如图 6-14 所示。

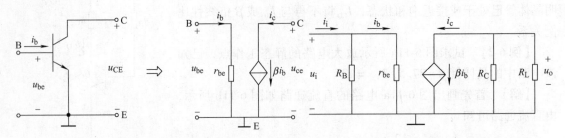

图 6-13　晶体管小信号等效模型　　　　　图 6-14　基本放大电路的微变等效电路

（3）放大电路性能指标的计算

1）电压放大倍数 A_u。

放大电路输出电压与输入电压之比，称为电压放大倍数，用 A_u 表示，即

$$A_u = \frac{u_o}{u_i} = \frac{-i_c\ (R_C//R_L)}{i_b r_{be}} = \frac{-\beta\ (R_C//R_L)}{r_{be}} = \frac{-\beta R'_L}{r_{be}} \tag{6-7}$$

式中，负号表示 u_o 与 u_i 相位相反，$R'_L = R_C // R_L$。

2）输入电阻 R_i。

输入电阻就是从放大电路输入端看进去的等效电阻，用 R_i 表示，图 6-14 所示放大电路的输入电阻 R_i 在数值上等于输入电压 u_i 与输入电流 i_i 之比，即

$$R_i = \frac{u_i}{i_i} = R_B // r_{be} \approx r_{be} \tag{6-8}$$

3）输出电阻 R_o。

输出电阻就是从输出端（不包括负载 R_L）看进去的交流等效电阻，用 R_o 表示。放大电路对负载而言，相当于一个信号源，从图 6-14 所示放大电路可以得到

$$R_o = R_C \tag{6-9}$$

对于电压放大电路而言，通常希望输出电阻 R_o 小些，使放大电路的带载能力较强，这样当负载变化时，输出电压的变化较小。

小·提示

　　输入电阻和输出电阻的概念是对静态工作点上的交流信号而言的，因此它们属于交流电阻，所以不能用它们来计算放大电路的静态工作点。

【例 6-3】　如图 6-15 所示放大电路，已知 $V_{CC} = 12V$，$R_B = 300k\Omega$，$R_C = 3k\Omega$，$R_L = 3k\Omega$，$\beta = 50$。试求：（1）静态工作点 I_B、I_C、U_{CE}；（2）电压放大倍数；（3）输入电阻；（4）输出电阻。

【解】　（1）首先画出图 6-15 电路的直流通路如图 6-16a 所示，由直流通路可知

$$I_B \approx \frac{V_{CC}}{R_B} = \frac{12}{300}mA = 0.04mA = 40\mu A$$

$$I_C = \beta I_B = 50 \times 0.04mA = 2mA$$

$$U_{CE} = V_{CC} - I_C R_C = 12V - 2 \times 3V = 6V$$

（2）画出微变等效电路，如图 6-16b 所示。

$$r_{be} = 300\Omega + (1 + \beta) \frac{26mA}{I_E}$$

$$= 300\Omega + (1 + 50) \times \frac{26}{2.04}\Omega = 950\Omega$$

由式（6-7）可得

$$A_u = \frac{-\beta (R_C // R_L)}{r_{be}} = -50 \times \frac{1.5}{0.95} \approx -79$$

（3）输入电阻为

$$R_i = \frac{u_i}{i_i} = R_B // r_{be} \approx r_{be} = 0.95k\Omega$$

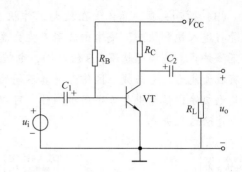

图 6-15　例 6-3 图

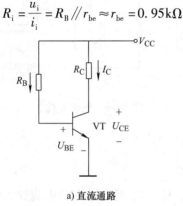

a) 直流通路

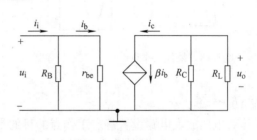

b) 交流微变等效电路

图 6-16　图 6-15 的等效电路图

（4）输出电阻为　　　　　　　　　　　　　$R_o = R_C = 3k\Omega$

 知识拓展

静态工作点与波形失真

　　放大电路静态工作点的合理设置对保证放大电路合适的工作状态非常重要，工作点过高或过低都容易导致输出波形失真。放大电路的失真体现在输出信号波形和输入信号波形不一致。

　　（1）截止失真　由于静态工作点过低而使晶体管进入截止区工作所产生的非线性失真称为截止失真，如图 6-17 所示。截止失真的特征是输出波形的正半周被削去一部分，可以通过增大静态工作点的数值（如减少 R_B）来减小或消除这种失真。

　　（2）最佳工作点　在线性状态下，给晶体管输入正弦信号，则输出的也是正弦信号，此时输出信号的幅度比输入信号要大，如图 6-18 所示。任何情况下不失真的最大输出称为放大电路的动态范围。显然在最佳工作点时，电路的动态范围最大。在保证输出信号不失真的前提下，降低电路的静态工作点，有利于减少放大电路的损耗。

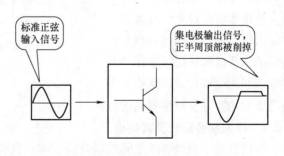

图 6-17　截止失真

（3）饱和失真　晶体管在放大工作状态的基础上，如果基极电流进一步增大许多，晶体管将进入饱和状态，使输出波形产生失真，如图6-19所示。这时的晶体管电流放大倍数 β 要下降许多，饱和得越深，β 值越小，电流放大倍数一直能小到小于1的程度，这时晶体管没有放大能力。它与截止区信号失真不同的是，加在晶体管基极信号的正半周进入饱和区，在集电极输出信号中是负半周被削掉。可以通过降低静态工作点的数值（如增大 R_B）来减小或消除这种失真。

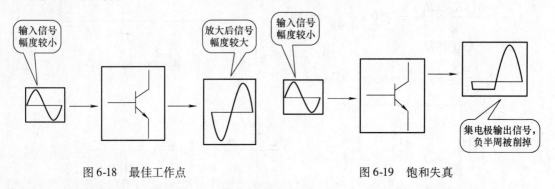

图 6-18　最佳工作点　　　　　　　　　　图 6-19　饱和失真

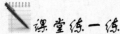

课堂练一练

1. 晶体管电压放大电路设置静态工作点的目的是_____。
A. 减小静态损耗　　B. 使放大电路不失真地放大　　C. 增加放大电路的电流放大倍数
2. 放大电路的输入、输出电阻是_____参数，_____用来计算静态工作点。
A. 直流　　B. 交流　　C. 可以　　D. 不可以

6.3　多级放大电路

6.3.1　多级放大电路的组成

大多数电子电路的放大系统，需要将微弱的毫伏或微伏级信号放大为足够大的输出电压和电流信号去驱动负载工作。从单级放大电路的放大倍数来看，仅几十倍到一百多倍，输出的电压和功率不大，因此需要采用多级放大器，以满足放大倍数和其他性能方面的要求。

图6-20为多级放大电路的组成框图，其中的输入级作输入阻抗匹配并兼作电压放大。中间级主要用作电压放大，可将微弱的输入电压放大到足够的幅度。后面的末前级和输出级多用作功率放大和阻抗匹配，以输出负载所需要的功率并获得尽量高的效率。

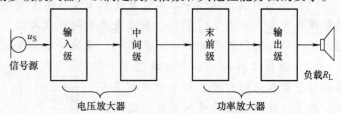

图 6-20　多级放大电路的组成框图

6.3.2　级间耦合形式及其特点

多级放大电路级与级之间的耦合是指前一级放大电路的输出信号加到后一级放大电路的输入端所采用的连接方式。目前在线性放大电路中，用得较多的耦合方式有阻容耦合、变压器耦合、直接耦合三种形式，如图 6-21 所示。

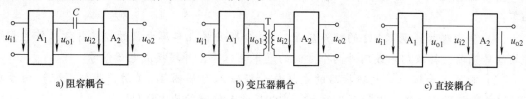

a) 阻容耦合　　　　　　　　　b) 变压器耦合　　　　　　　　　c) 直接耦合

图 6-21　多级放大电路的耦合方式

1. 阻容耦合

阻容耦合是指前、后级通过耦合电容 C 联系起来的耦合方式。这种耦合方式的特点是前、后级的静态工作点各自独立，但不能用于直流或缓慢变化信号的放大。

2. 变压器耦合

变压器耦合是指级与级之间采用变压器传递交流信号的耦合方式。各级静态工作点也各自独立。这种耦合方式的特点是变压器具有阻抗变换作用，负载阻抗可实现合理配合；缺点是体积大、笨重、频率特性差，且不易传递直流信号，常用于选频放大或功率放大电路。

3. 直接耦合

直接耦合是指前级的输出端直接与后级的输入端相连的耦合方式。这种耦合方式的特点是频率特性好；但各级静态工作点不独立，相互影响。它适用于直流信号或变化缓慢信号的放大。直接耦合在集成放大器电路中获得了广泛应用。

6.3.3　多级放大电路性能参数估算

单级放大器的某些性能指标可作为分析多级放大器的依据。多级放大器的主要性能参数采用以下方法估算。

1. 电压放大倍数

由于前级的输出电压就是后级的输入电压，因此，多级放大器的电压放大倍数等于各级放大倍数之积，对于 n 级放大电路，有

$$A_u = A_{u1}A_{u2}\cdots A_{un} \tag{6-10}$$

在计算末级以外各级的电压放大倍数时，应将后级的输入电阻看成前级的负载。

2. 输入电阻

多级放大器的输入电阻 R_i 就是第一级的输入电阻 R_{i1}，即

$$R_i = R_{i1} \tag{6-11}$$

3. 输出电阻

多级放大器的输出电阻 R_o 等于最后一级的输出电阻 R_{on}，即

$$R_o = R_{on} \tag{6-12}$$

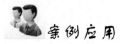
案例应用

多级放大电路的应用——声控自动门

生活中，声控自动门装置广泛用于汽车、电瓶车出入频繁的厂房车库大门的自动开关控制。在汽车行至距大门约 30m 处，驾驶员按喇叭声持续 3s 以上，大门自动打开。汽车进门延续数秒钟后，门又自动关闭。对其他非喇叭声或小于持续 3s 的喇叭声响不起控制作用。

图 6-22 所示为声控电路中声电转换、前置放大级和选频放大级的电路,其工作原理如下:

(1) 声电转换　两只 8Ω 的扬声器 Y_1、Y_2 分别安装在车库大门的内、外侧,作为声电转换的传感器,接收门内或门外两个方向的汽车喇叭声,并转换成电压信号。

(2) 前置放大级　声电转换后的电压信号经输入变压器 Tr_1 (用作阻抗匹配) 送至由 VT_1 组成的前置放大级,进行电压放大,其电压放大倍数约为 120 倍。

(3) 选频放大级　由于汽车喇叭声的中心频率约为 800Hz,而频率变化范围为 750 ~ 850Hz。因此用 VT_2 与 L_1、C_5 并联谐振电路组成选频放大电路,使 L_1、C_5 的谐振频率选在 $f_0 = 800Hz$,而通频带宽在 100 ~ 200Hz 范围内。由于在谐振频率时 L_1、C_5 具有最大阻抗,且呈现纯阻性,故这时喇叭声频率的电信号有足够大的放大倍数,对其他非喇叭声的干扰声音 (如发动机声、暴风雨声等) 电信号具有抑制作用。选频放大级输出信号经变压器 Tr_2 再送入第三级由 VT_3 组成的放大器进一步放大,其输出的电压信号送入后面的鉴幅整形、积分延时电路,以鉴别是否为连续 3s 以上的喇叭声,R_{12}、C_{10} 和 R_5、C_1 为退耦电路,其作用是滤除后级大信号电流在直流电源中形成的交流干扰信号,以清除对前级电源的影响。R_P 可调节送入第二级信号的大小,用作灵敏度调节。

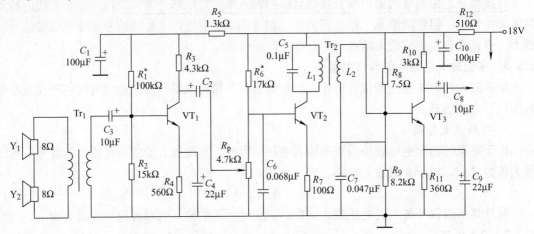

图 6-22　声控自动门电路的前置放大级和选频放大电路

课堂练一练

1. 共发射极放大电路的输出电压与输入电压相位上相差_____。

2. 两个单管电压放大器单独工作时,空载的电压放大倍数分别为 $A_{u1} = -40$,$A_{u2} = -60$。当用阻容耦合方式连接两级放大电路时,总的电压放大倍数为_____。

6.4　集成运算放大器

集成运算放大器 (Intergrated Operational Amplifier) 简称集成运放,是一种高增益的直接耦合多级放大电路,是一种典型的模拟集成电路。

6.4.1　集成运放的电路结构

集成运放内部电路结构复杂且有多种形式,大多由输入级、中间级、输出级和偏置电路四部分组成，其组成框图如图 6-23 所示。

集成运放各部分的作用如下：

1. 输入级

输入级是集成运算放大器质量保证的关键，要求其输入电阻尽量高，偏置电流尽量小。

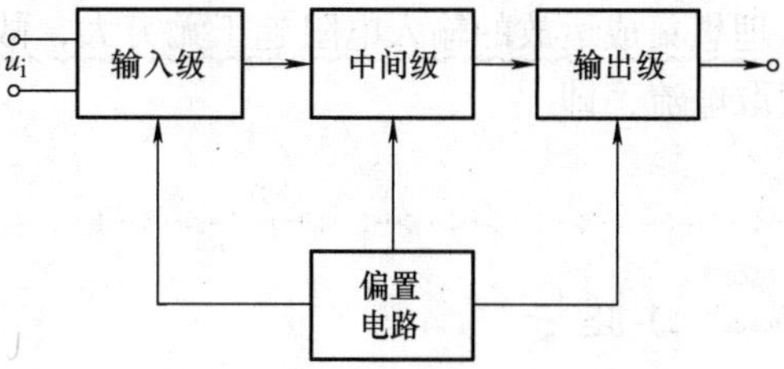

图 6-23　集成运放的组成框图

2. 中间级

中间级的任务是提供足够大的电压放大倍数，一般放大倍数可达几万倍甚至几十万倍以上。为了减少对前级的影响，还应具有较高的输入电阻。另外，中间级还应向输出级提供较大的驱动电流。

3. 输出级

输出级的主要作用是能提供足够的电流以满足负载的需要，大多采用复合管作输出级，同时还必须具有较低的输出电阻，以起到将放大级和负载隔离的作用。

4. 偏置电路

偏置电路的作用是为上述各级电路提供稳定和合适的偏置电流，决定各级的静态工作点。偏置电路一般由各种恒流源电路构成。

图 6-24 所示为双列直插型四运放 LM324 的外形及引脚图。它将四个集成运放制作在同一芯片上，这样不仅缩小体积，更重要的是四个运放在同一芯片上同时制作而成，温度变化一致，电路一致性好。

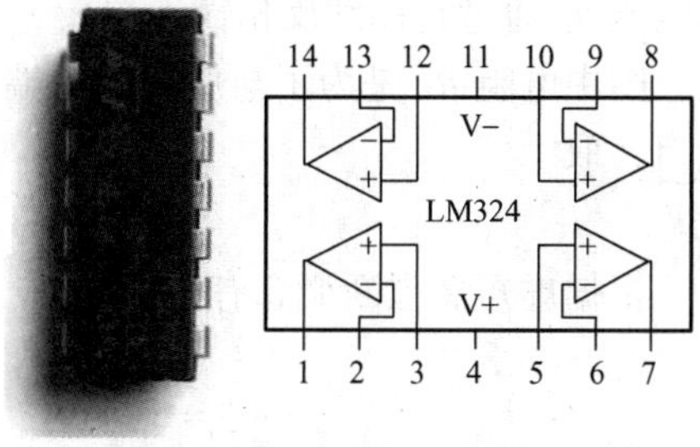

图 6-24　双列直插型四运放
LM324 的外形及引脚图

6.4.2　理想集成运放的两个重要特征

理想运算放大器的图形符号如图 6-25 所示，它有两个输入端（一个反相输入端和一个同相输入端）和一个输出端。它们的对地电压分别用 u_-、u_+ 和 u_o 表示。

为了突出集成运算放大器的主要特点，简化分析过程，在应用集成运算放大器时，总是假定它是理想的。理想的运放具有以下特性：

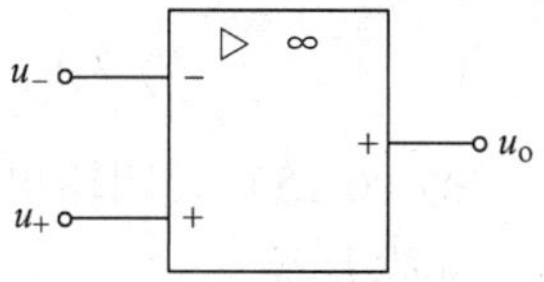

开环差模电压放大倍数 $A_{od} \to \infty$；

开环差模输入电阻 $R_{id} \to \infty$；

开环差模输出电阻 $R_{od} = 0$。

图 6-25　理想运算
放大器的图形符号

根据理想运放的条件得到集成运放理想化具有以下两个特性。

1. 虚短

因为理想的集成运放开环电压放大倍数趋于无穷大，当运放的输出电压 u_o 为有限值时，集成运放的输入电压趋于零，即两个输入端电压相等，所以

$$u_+ = u_-$$

(6-13)

因此，集成运算放大器同相输入端与反相输入端可视为短路。

2. 虚断

理想集成运放的输入电阻趋于无穷大，故其输入端相当于开路，集成运放就不需要向前级索取电流，即

$$i_+ = i_- = 0 \tag{6-14}$$

 小提示

　　利用以上两个特性，可以十分方便地分析各种运放的线性应用电路。需要注意的是，虚短不能认为两个输入端短路，因为实际上两个输入端间的电压不可能等于零，虚断也不能认为是开路，因为实际上输入端电流不可能等于零。

6.4.3　基本运算电路

1. 反相比例运算放大电路

反相比例运算放大电路如图 6-26 所示。

输入信号 u_i 经电阻 R_1 送到反相输入端，而同相输入端经 R_P 接地。R_f 为反馈电阻，输出电压 u_o 通过它接到反相输入端。

图中电阻 R_P 是为了与反相输入端上的外接电阻 R_1 和 R_f 进行直流平衡，称为直流平衡电阻，取

$$R_P = R_1 /\!/ R_f$$

根据虚短、虚断概念有

$$i_1 = i_f$$
$$u_- = u_+ = 0$$

且

$$i_1 = \frac{u_i - u_-}{R_1} = \frac{u_i}{R_1}$$

$$i_f = \frac{u_- - u_o}{R_f} = -\frac{u_o}{R_f}$$

故电压放大倍数为

$$A_{uf} = \frac{u_o}{u_i} = -\frac{R_f}{R_1} \tag{6-15}$$

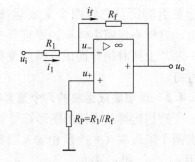

图 6-26　反相比例运算放大电路

式（6-15）表明输出电压与输入电压相位相反，且成比例关系，因此将这种电路称为反相比例放大器。

若取 $R_1 = R_f$ 则 $A_{uf} = -1$，即电路的 u_o 与 u_i 大小相等，相位相反，称此时的电路为反相器。

2. 同相比例运算放大电路

同相比例运算放大电路如图 6-27 所示，输入信号 u_i 经电阻 R_2 送到同相输入端，而反相输入端通过 R_1 接地并引入负反馈。

由虚断、虚短性质可列出

$$i_1 = i_f$$
$$u_- = u_+ = u_i$$

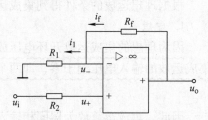

图 6-27　同相比例运算放大电路

且

$$i_f = \frac{u_o - u_-}{R_f} = \frac{u_o - u_i}{R_f}$$

$$i_1 = \frac{u_-}{R_1} = \frac{u_i}{R_1}$$

于是

$$A_{uf} = \frac{u_o}{u_i} = 1 + \frac{R_f}{R_1} \qquad (6\text{-}16)$$

式（6-16）中，A_{uf}为正值，表明 u_o 与 u_i 同相。改变 R_f 和 R_1 的比值，可改变电路的电压放大倍数。

式（6-16）中，若取 $R_1 \to \infty$，则得

$$A_{uf} = 1 \qquad (6\text{-}17)$$

即 u_o 与 u_i 大小相等，相位相同，称此电路为<u>电压跟随器</u>，电路如图 6-28 所示。

3. 加法运算电路

利用运放实现加法运算时，可采用反相输入方式或同相输入方式。这里重点介绍反相输入加法运算电路。

在反相比例运算放大电路的基础上，增加几条输入支路，便可组成反相加法运算电路，也称反相加法器，如图 6-29 所示。两个输入信号 u_{i1}、u_{i2} 分别通过 R_1、R_2 接至反相输入端。R_f 为反馈电阻，R_3 为直流平衡电阻，$R_3 = R_1 /\!/ R_2 /\!/ R_f$，在要求不高的情况下也可以将同相端直接接地。

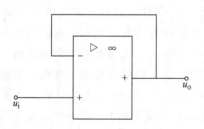

图 6-28　电压跟随器

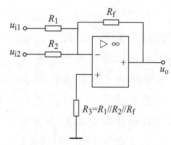

图 6-29　反相加法器

根据虚短、虚断性质和基尔霍夫电流定理（KCL），由电路可列出

$$\frac{u_{i1}}{R_1} + \frac{u_{i2}}{R_2} = \frac{0 - u_o}{R_f}$$

则

$$u_o = -\left(\frac{R_f}{R_1} u_{i1} + \frac{R_f}{R_2} u_{i2} \right) \qquad (6\text{-}18)$$

当取 $R_1 = R_2 = R$ 时

$$u_o = -\frac{R_f}{R}(u_{i1} + u_{i2}) \qquad (6\text{-}19)$$

当取 $R = R_f$ 时

$$u_o = -(u_{i1} + u_{i2}) \qquad (6\text{-}20)$$

式（6-20）表明电路实现了各输入信号电压的反相相加。

【例6-4】 有一运算电路如图 6-30 所示，已知 $R_1 = R_2 = 100\text{k}\Omega, R_3 = 100\text{k}\Omega, R_f = 50\text{k}\Omega$，求输出电压与输入电压之间的关系。

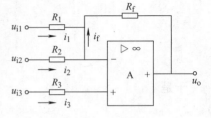

图 6-30 例 6-4 图

【解】 设 u_{i1}、u_{i2} 单独作用时，u_{i3} 短接，电路为反相求和电路，则

$$u'_o = -\frac{R_f}{R_1}u_{i1} - \frac{R_f}{R_2}u_{i2}$$

设 u_{i3} 单独作用时，u_{i1}、u_{i2} 均短接，电路为同相比例运算电路，则

$$u''_o = \left(1 + \frac{R_f}{R_1 // R_2}\right)u_{i3}$$

所以根据叠加定理可得

$$u_o = u'_o + u''_o$$

代入数值可得

$$u_o = 2u_{i3} - 0.5u_{i1} - 0.5u_{i2}$$

从以上分析可看出，此电路中的所有电阻若相等，则为一减法运算电路。

知识链接

集成电路及我国集成电路产业现状

集成电路（Integrated Circuit）是一种微型电子器件或部件。采用一定的工艺，将一个电路中所需的晶体管、二极管、电阻、电容和电感等元器件及布线互连在一起，制作在一小块或几小块半导体晶片或介质基片上，然后封装在一个管壳内，成为具有所需电路功能的微型结构；其中所有元器件在结构上已组成一个整体，使电子元器件向着微小型化、低功耗和高可靠性方面迈进了一大步。它在电路中用字母"IC"表示。集成电路发明者为杰克·基尔比（基于硅的集成电路）和罗伯特·诺伊思（基于锗的集成电路）。第一个集成电路雏形是由杰克·基尔比于 1958 年完成的，其中包括一个双极性晶体管、三个电阻和一个电容器。

当今半导体工业大多数应用的是基于硅的集成电路。图 6-31 所示为一集成电路板。

IC 对于分立元器件放大电路有两个主要优势：成本和性能。成本低是由于芯片将所有的组件通过照相平版技术，作为一个单位印制，而不是在一个时间只制作一个晶体管。性能高是由于组件快速开关，消耗更低能量，因为组件很小且彼此靠近。2006年，芯片面积从几平方毫米到 350mm^2，每平方毫米可以达到一百万

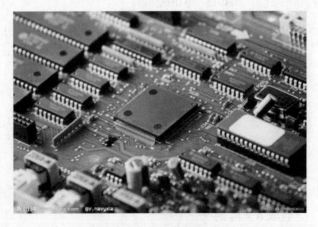

图 6-31 集成电路板

个晶体管。

2001~2010 年这 10 年间,我国集成电路产量的年均增长率超过 25%,集成电路销售额的年均增长率则达到 23%。2010 年国内集成电路产量达到 640 亿块,销售额超过 1430 亿元,分别是 2001 年的 10 倍和 8 倍。我国集成电路产业规模已经由 2001 年不足世界集成电路产业总规模的 2% 提高到 2010 年的近 9%。我国成为世界集成电路产业发展最快的地区之一,但与巨大且快速增长的国内市场相比,中国集成电路产业虽发展迅速但仍难以满足内需要求。

当前以移动互联网、三网融合、物联网、云计算、智能电网、新能源汽车为代表的战略性新兴产业快速发展,将成为继计算机、网络通信、消费电子之后,推动集成电路产业发展的新动力。

课堂练一练

1. 理想运放两个重要的特性是_____和_____。

2. 集成运算放大电路是_____增益的_____级_____耦合放大电路,内部主要由_____、_____、_____、_____四部分组成。

3. 集成运放有两个输入端,其中,标有"-"号的称为_____输入端,标有"+"号的称为_____输入端,∞ 表示_____。

技能训练七 单管共发射极放大电路测试

一、训练目的

1. 掌握晶体管管脚和管型的测量方法。

2. 观察静态工作点对放大电路的放大倍数和非线性失真的影响。

3. 掌握放大电路的一般测试方法。

4. 能熟练使用示波器观测波形。

二、训练所用仪器与设备

1. 模拟电子技术技能训练箱	1 套
2. 万用表	1 只
3. 双踪示波器	1 台
4. 低频信号发生器	1 台

三、训练内容与步骤

1. 用万用表测量晶体管

1) 判别晶体管的各电极,判别管型。

2) 判断晶体管的各极间的正、反向电阻,判断材料及质量优劣,并将测量结果填入表 6-1 中。

表 6-1 万用表测量晶体管

型号	B、E 间阻值		B、C 间阻值		C、E 间阻值		管型		材料		质量	
	正向	反向	正向	反向	正向	反向	NPN	PNP	硅	锗	好	坏

3) 测量晶体管的放大倍数。

数字式万用表一般都有测晶体管放大倍数的挡位（h_{FE}），使用时，先确认晶体管类型，然后将被测管子 E、B、C 三脚分别插入数字式万用表面板对应的晶体管插孔中，万用表就会显示出 h_{FE} 的近似值。

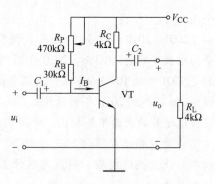

2. 静态工作点的测试

1）按图 6-32 所示连接电路，经检查无误后在 V_{CC} 端接上 12V 电源。

2）将万用表调到 5mA 电流挡，串在 VT 集电极回路中。令 $U_S = 0$，调节 R_P 使 $i_C = 1mA$，然后测量 I_B 的电流和晶体管的各极直流电流。根据测量结果计算 β，

图 6-32　单管共射极放大电路

将测量结果及计算值填入表 6-2 中（测量电流时要注意万用表正、负表笔的正确接法，即红表笔接电流流入的一端、黑表笔接电流流出的一端）。

表 6-2　静态工作点测试

I_C/mA	$I_B/\mu A$	U_C/V	U_B/V	U_E/V	β

3. 测量放大器的放大倍数

用低频信号发生器作信号源输出频率为 1kHz、幅度为 50mV 左右的正弦波信号接入电路的输入端，用双踪示波器同时观察输入、输出波形，并读出 u_i、u_o，根据测量数据计算 A_u。将测量数据填入表 6-3 中。

表 6-3　放大倍数测量

U_i/mV	U_o/V	A_u

习　题　六

6-1　填空题

1. 晶体管种类很多，按照半导体材料的不同可分为＿＿＿＿、＿＿＿＿；按照极性的不同分为＿＿＿＿、＿＿＿＿。

2. 晶体管有三个区，分别是＿＿＿＿、＿＿＿＿和＿＿＿＿。

3. 晶体管有两个 PN 结，即＿＿＿＿结和＿＿＿＿结；有三个电极，即＿＿＿＿极、＿＿＿＿极和＿＿＿＿极，分别用＿＿＿＿、＿＿＿＿、＿＿＿＿表示。

4. 放大电路有＿＿＿＿、＿＿＿＿和＿＿＿＿三种连接方式。

5. 当晶体管的发射结＿＿＿＿，集电结＿＿＿＿时，工作在放大区；发射结＿＿＿＿，集电结＿＿＿＿时，工作在饱和区；发射结＿＿＿＿，集电结＿＿＿＿时，工作在截止区。

6. 晶体管中，硅管的死区电压约为＿＿＿＿，锗管的死区电压为＿＿＿＿。

7. 在共发射极放大电路中，输入电压 u_i 和输出电压 u_o 的相位＿＿＿＿。

8. 对直流通路而言，放大电路中的电容可视为＿＿＿＿；对交流通路而言，容抗小的电容器可视作＿＿＿＿；内阻小的电源可视作＿＿＿＿。

9. 放大电路的输入电阻和输出电阻是衡量电路性能的重要指标，一般希望电路的输入电阻＿＿＿＿，以＿＿＿＿对信号源的影响；希望输出电阻＿＿＿＿，以＿＿＿＿放大器的带负载的能力。

6-2　根据图 6-33 所示各晶体管三个电极的电位，判断它们分别处于何种工作状态。

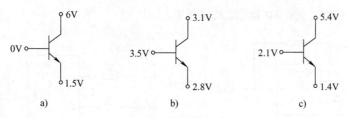

图 6-33 习题 6-2 图

6-3 测得工作在放大电路中的几个晶体管的三个电极对地电位为 V_1、V_2、V_3，对应数值分别为：

1) $V_1 = 3.5\text{V}$，$V_2 = 2.8\text{V}$，$V_3 = 12\text{V}$

2) $V_1 = 3\text{V}$，$V_2 = 2.8\text{V}$，$V_3 = 6\text{V}$

3) $V_1 = 6\text{V}$，$V_2 = 11.3\text{V}$，$V_3 = 12\text{V}$

4) $V_1 = 6\text{V}$，$V_2 = 11.8\text{V}$，$V_3 = 12\text{V}$

判断它们是 PNP 型还是 NPN 型，是硅管还是锗管，同时确定三个电极 E、B、C。

6-4 试判断图 6-34 中各电路能否放大交流信号，为什么？

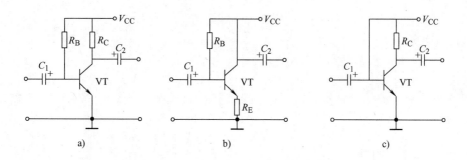

图 6-34 习题 6-4 图

6-5 在图 6-35 所示电路中，已知 $V_{CC} = 12\text{V}$，$R_B = 240\text{k}\Omega$，$R_C = 3\text{k}\Omega$，晶体管的 $\beta = 40$。用直流通路估算各静态值 I_{BQ}、I_{CQ}、U_{CEQ}。

6-6 在图 6-36 所示电路中，其中 $V_{CC} = 12\text{V}$，$R_B = 400\text{k}\Omega$，$R_C = R_L = 5.1\text{k}\Omega$，$\beta = 40$。试求：

1) 电路的静态工作点。

2) 画出微变等效电路。

3) 计算电路的电压放大倍数。

4) 计算电路的输入电阻 R_i，输出电阻 R_o。

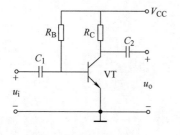

图 6-35 习题 6-5 图

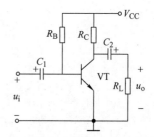

图 6-36 习题 6-6 图

6-7 如图 6-37 所示电路，已知 $R_{11} = 5\text{k}\Omega$，$R_{12} = 5\text{k}\Omega$，$R_{13} = 4\text{k}\Omega$，$R_f = 10\text{k}\Omega$，写出 u_o 的表达式。

6-8 图 6-38 所示为一监控报警装置，可对某一参数（如温度、压力等）进行监控并发出报警信号，试说明电路的工作原理及二极管 VD 和电阻 R_3 的作用。

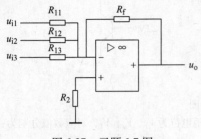

图 6-37　习题 6-7 图

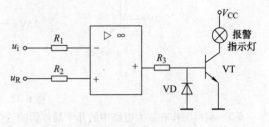

图 6-38　习题 6-8 图

第 7 章　数字电子技术基础

◇掌握常用数制的转换及逻辑函数的化简。

◇熟悉逻辑代数的基本公式和定律。

◇熟悉常用门电路的逻辑符号、逻辑功能及逻辑表达式。

◇掌握组合逻辑电路的分析及设计方法。

◇了解常用组合逻辑功能器件的工作原理及特点。

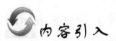

现在的电视机广告中会有"数字高清"的词语，同学们可能也听说过模拟手机已经完全被数字手机取代的话题。前面学习的晶体管及运算放大电路就属于模拟电路，本章开始学习数字电路。生活中所用的手机和计算机（见图7-1）等内部有很多的数字电路。"数字"与"模拟"有什么不一样呢？

图 7-1　手机和计算机

7.1　数字电路概述

7.1.1　数字信号与数字电路

在电子技术中，被传递和处理的电信号分为模拟信号和数字信号两大类。模拟信号是指在时间上和数值上都是连续变化的信号。例如：温度、正弦电压，如图7-2所示。数字信号是指在时间上和数值上都是断续变化的离散信号。例如：人数、物品的个数，如图7-3所示。处理模拟信号的电路称为模拟电路，处理数字信号的电路称为数字电路。

1. 数字电路的特点

数字电路中处理的信息一般是二进制的数字信号（0、1），这种信息可以看作二元信息，在电路中可以用开关的闭、合，器件（二极管、晶体管）的导通、截止等来表示。数字电路主要有以下特点：

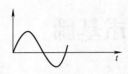

图 7-2　模拟信号

图 7-3　数字信号

1）工作信号是不连续的数字信号，只有 0 和 1 两个基本数字，体现在电路中即是只有高电平和低电平两种状态，电路结构简单，对精度的要求不高，适于集成化。

2）侧重研究电路的输出与输入之间的逻辑关系，分析方法与模拟电路完全不同，具有独立的基础理论，所使用的数学工具主要是逻辑代数。

3）数字电路中，利用晶体管的饱和、截止状态来表示数字信号的高、低电平，晶体管只处于开、关状态，因此工作可靠性高，抗干扰能力强。

2. 正逻辑与负逻辑

如上所述，数字信号是一种二值信号，用两个电平（高电平和低电平）分别来表示两个逻辑值（逻辑 1 和逻辑 0）。那么究竟是用哪个电平来表示哪个逻辑值呢？

数字电路中用的两种逻辑体制：

1）正逻辑体制规定：高电平为逻辑 1，低电平为逻辑 0。

2）负逻辑体制规定：低电平为逻辑 1，高电平为逻辑 0。

7.1.2　数制

数制就是计数方法，即指多位数从低位到高位的进位规则，也称进位制。例如：二进制、八进制、十进制等。进位制的基数是在该进位制中可能用到的数码的个数。在某一进位制的数中，每一位的大小都对应着该位上的数码乘上一个固定的数，这个固定的数就是这一位的权数，权数是一个幂。表 7-1 为几种进制数之间的对应关系。

表 7-1　几种进制数之间的对应关系

十进制数	二进制数	八进制数	十六进制数
0	0000	0	0
1	0001	1	1
2	0010	2	2
3	0011	3	3
4	0100	4	4
5	0101	5	5
6	0110	6	6
7	0111	7	7
8	1000	10	8
9	1001	11	9
10	1010	12	A
11	1011	13	B
12	1100	14	C
13	1101	15	D
14	1110	16	E
15	1111	17	F

1. 十进制（Decimal）

十进制是人们最习惯采用的一种进位计数方式。它的特点是基数为 10，数码为 0 ~ 9；运算规律为逢十进一。

十进制数的权展开式：任意一个十进制数都可以表示为各个数位上的数码与其对应的权的乘积之和，称为权展开式。如：

$$(5326)_{10} = 5 \times 10^3 + 3 \times 10^2 + 2 \times 10^1 + 6 \times 10^0$$

2. 二进制（Binary）

二进制是在数字电路中应用最广泛的计数方式。它的特点是基数为 2，数码为 0、1；运算规律为逢二进一，即 $1 + 1 = 10$。

二进制数的权展开式如：

$$(101.01)_2 = 1 \times 2^2 + 0 \times 2^1 + 1 \times 2^0 + 0 \times 2^{-1} + 1 \times 2^{-2} = (5.25)_{10}$$

3. 十六进制（Hexadecimal）

用二进制表示数时位数比较多，而用十六进制就比二进制简单得多。

十六进制的特点是基数为 16，数码为 0 ~ 9、A ~ F；运算规律为逢十六进一。

十六进制数的，权展开式如：

$$(D8.4)_{16} = 13 \times 16^1 + 8 \times 16^0 + 4 \times 16^{-1} = (216.25)_{10}$$

 小提示

为了区别这几种数制，可在数的后面加上数字下标 2、10、16，也可以加一字母。用 B 表示二进制数；D 表示十进制数；H 表示十六进制数。如果后面的数字或字母被省略，则表示该数为十进制数。

7.1.3　常用数制转换

1. 二进制转换成十进制

【例 7-1】　将二进制数 10011.101 转换成十进制数。

【解】　将每一位二进制数乘以位权，然后相加，可得

$$(10011.101)_B = 1 \times 2^4 + 0 \times 2^3 + 0 \times 2^2 + 1 \times 2^1 + 1 \times 2^0 + 1 \times 2^{-1} + 0 \times 2^{-2} + 1 \times 2^{-3}$$
$$= (19.625)_D$$

2. 十进制转换成二进制

可用"除 2 取余"法将十进制的整数部分转换成二进制。

【例 7-2】　将十进制数 23 转换成二进制数。

【解】　根据"除 2 取余"法的原理，按如下步骤转换：

$$
\begin{array}{rl}
2\,\underline{|\,23} & \cdots\cdots 余\ 1 \quad b_0 \\
2\,\underline{|\,11} & \cdots\cdots 余\ 1 \quad b_1 \\
2\,\underline{|\,5} & \cdots\cdots 余\ 1 \quad b_2 \\
2\,\underline{|\,2} & \cdots\cdots 余\ 0 \quad b_3 \\
2\,\underline{|\,1} & \cdots\cdots 余\ 1 \quad b_4 \\
0 &
\end{array}
$$

读取次序

则　　　$(23)_D = (10111)_B$

可用"乘 2 取整"的方法将任何十进制数的纯小数部分转换成二进制数。

【例 7-3】　将十进制数 $(0.562)_D$ 转换成误差 ε 不大于 2^{-6} 的二进制数。

【解】　用"乘 2 取整"法，按如下步骤转换：

取整

$$0.562 \times 2 = 1.124 \cdots\cdots 1 \cdots\cdots b_{-1}$$
$$0.124 \times 2 = 0.248 \cdots\cdots 0 \cdots\cdots b_{-2}$$
$$0.248 \times 2 = 0.496 \cdots\cdots 0 \cdots\cdots b_{-3}$$
$$0.496 \times 2 = 0.992 \cdots\cdots 0 \cdots\cdots b_{-4}$$
$$0.992 \times 2 = 1.984 \cdots\cdots 1 \cdots\cdots b_{-5}$$

由于最后的小数 $0.984 > 0.5$，根据"四舍五入"的原则，b_{-6} 应为 1。因此

$$(0.562)_D = (0.100011)_B$$

其误差 $\varepsilon < 2^{-6}$。

3. 二进制转换成十六进制

由于十六进制基数为 16，而 $16 = 2^4$，因此，4 位二进制数就相当于 1 位十六进制数。因此，可用"4 位分组"法将二进制数化为十六进制数。

【例 7-4】　将二进制数 1001101.100111 转换成十六进制数。

【解】　$(1001101.100111)_B = (0100\ 1101.1001\ 1100)_B = (4D.9C)_H$

4. 十六进制转换成二进制

由于每位十六进制数对应于 4 位二进制数，因此，十六进制数转换成二进制数，只要将每一位变成 4 位二进制数，按位的高低依次排列即可。

【例 7-5】　将十六进制数 6E.3A5 转换成二进制数。

【解】　$(6E.3A5)_H = (110\ 1110.0011\ 1010\ 0101)_B$

5. 十六进制转换成十进制

可由"按权相加"法将十六进制数转换为十进制数。

【例 7-6】　将十六进制数 7A.58 转换成十进制数。

【解】　$(7A.58)_H = 7 \times 16^1 + 10 \times 16^0 + 5 \times 16^{-1} + 8 \times 16^{-2}$
$$= 112 + 10 + 0.3125 + 0.03125 = (122.34375)_D$$

7.1.4　码制

数字电路中的信息分为两种：一种是数值信息；另一种是文字、符号信息。码制是指用二进制数表示数字或字符的编码（Coding）方法。

由于十进制数码（0~9）是不能在数字电路中运行的，所以需要转换为二进制数。常用 4 位二进制数进行编码来表示 1 位十进制数。这种用二进制代码表示十进制数字的方法称为二-十进制编码，简称 BCD 码（Binary Boded Decimal System）。

由于 4 位二进制代码可以有 16 种不同的组合形式，用来表示 0~9 十个数字，只用到其中 10 种组合，因而编码的方式很多，其中一些比较常用，如 8421BCD 码、5421 码、2421 码、余三码、格雷码等，几种常用的 BCD 编码见表 7-2。

8421BCD 码的每一位的权是固定的，属于有权码，它和二进制数各位的权一样，从高到低，依次为 8、4、2、1。用 8421BCD 码表示十进制数时，要注意十进制数的每位数字是

用 4 位二进制数表示。例如：$(768)_{10} = (0111\ 0110\ 1000)_{BCD}$。

表 7-2 几种常用的 BCD 编码

十进制数码＼BCD 码	8421 码	5421 码	2421 码	余 3 码（无权码）	格雷码（无权码）
0	0000	0000	0000	0011	0000
1	0001	0001	0001	0100	0001
2	0010	0010	0010	0101	0011
3	0011	0011	0011	0110	0010
4	0100	0100	0100	0111	0110
5	0101	1000	1011	1000	0111
6	0110	1001	1100	1001	0101
7	0111	1010	1101	1010	0100
8	1000	1011	1110	1011	1100
9	1001	1100	1111	1100	1000

5421 码和 2421 码是有权码，由高到低，其权值依次为 5、4、2、1 和 2、4、2、1。余 3 码是由 8421 码加 3（0011）得来的，它是一种无权码。格雷码（Gray Code）的特点是：相邻两个代码之间仅有一位不同，其余各位均相同，也是一种无权码。

 知识链接

二进制的来源

图 7-4 所示的八卦、太极图我们大家都很熟悉，它们在影视屏幕中、古建筑上、出土文物上经常出现。然而这些图形各代表什么含义呢？又是如何构成的？

a) 八卦太极图　　　　b) 八卦方位图　　　　c) 太极图

图 7-4 八卦、太极图

《易经》八卦、六十四卦中隐藏着二进制的计数原理。而二进制又是现代计算机的基础。反过来利用计算机对认识、理解周易八卦图和太极图也是有帮助的。

1. 八卦

八卦由八个形状各异的卦组成，每个卦有各自的卦象和卦名。仔细观察会发现，虽然八卦的各个卦相完全不同，但它们都是由两个基本元素"—"和"- -"构成的。它们分别命名为：阳爻"—"和阴爻"--"。爻（yao）就是组成八卦的长短横画符号，如图 7-5 所示。

2. 太极图

太极图是八卦太极图中心由一对阴阳鱼组成的圆。它寓意着统一规律。因为阴和阳本来

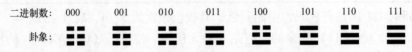

卦象:								
卦名:	坤	艮	坎	巽	震	离	兑	乾
读音:	kūn	gèn	kǎn	xùn	zhèn	lí	duì	qián

图7-5　八卦图中的卦象与卦名

就是两个对立的事物，现在统一于一个圆里了。黑鱼代表阴，白（或红）鱼代表阳。

3. 二进制与八卦的对应

二进制数由"0"和"1"两个数码组成，八卦图由阴爻"- -"和阳爻"—"两个符号组成。如果将八卦图的两个符号与二进制的两个数码互相对应：阴爻"- -"对应数码"0"、和阳爻"—"对应数码"1"，这样就能方便地将二进制数与八卦图联系起来。例如，3 比特可构成 8 个二进制数：000、001、010、011、100、101、110、111（实际上它们就是十进制数 0、1、2、3、4、5、6、7 的二进制表示）。如果将"0"、"1"与"--"、"—"分别对应，就能方便地由二进制数转换成八卦阵形，如图7-6 所示。

二进制数:	000	001	010	011	100	101	110	111
卦象:								

图7-6　二进制数与八卦图中的卦象对应关系图

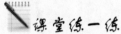

课堂练一练

1. 写出十进制数 58 的二进制数和 8421BCD 码。

2. 有一数码为 1000111，作为二进制数和 8421BCD 码时，其相应的十进制数各为多少？

7.2　逻辑代数基础

逻辑是指事物的因果关系，或者说条件和结果的关系，这些因果关系可以用逻辑代数来描述。逻辑代数中的变量称为逻辑变量，用大写字母表示。逻辑变量的取值只有两种，逻辑 0 和逻辑 1，0 和 1 称为逻辑常量，并不表示数量的大小，而是表示两种对立的逻辑状态。

在逻辑代数中只有 0 和 1 两种逻辑值，有与、或、非三种基本逻辑运算，还有与或、与非、与或非、异或等几种复合逻辑运算。

7.2.1　基本逻辑及其运算

1. 与逻辑及与运算

当某一事件发生所需要的所有条件具备时，这一事件才发生，这种因果关系称为与逻辑。

在图7-7 所示电路中，只有当开关 A 与 B 全部闭合时，灯 Y 才会亮。对灯 Y 亮来说，开关 A 与 B 都闭合时，"灯 Y 亮"才会发生，所以 Y 与 A、B 的关系就是与逻辑关系。

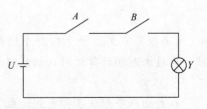

图7-7　开关串联实现与逻辑

将开关 A、B 和灯 Y 的对应状态列在一起，所得到的就是反映电路基本逻辑关系的功能表。如果开关 A、B 闭合用 1 表示，开关断开用 0 表示；灯 Y 亮用"1"表示，灯 Y 灭用"0"表示，可得到表7-3 所示的表格，称为逻辑真值表，简称真值表。

表 7-3　与逻辑真值表

A	B	Y
0	0	0
0	1	0
1	0	0
1	1	1

与逻辑关系可以表示为

$$Y = AB$$

式中，A、B 表示输入变量；Y 表示输出变量。逻辑表达式中右边的变量为输入变量，左边的变量为输出变量，在以后的表达式中不再说明。

实现与逻辑功能的电路叫与门电路，其逻辑符号如图 7-8 所示。

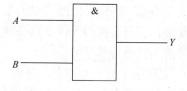

图 7-8　与门逻辑符号

归纳

　　与逻辑又叫逻辑乘。与逻辑的逻辑规律是：输入全为 1 时，输出为 1；输入有 0 时，输出为 0。可以概括为 "有 0 则 0，全 1 为 1"。

2. 或逻辑及或运算

在某一事件发生所需要的所有条件中，只要有一个条件具备，这一事件就发生，这种因果关系称为或逻辑。

在图 7-9 所示电路中，只要有一个开关闭合，灯 Y 就会亮。对灯 Y 亮来说，只要有一个开关闭合，"灯 Y 亮" 就会发生，所以 Y 与 A、B 的关系就是或逻辑的关系。或逻辑真值表见表 7-4。

表 7-4　或逻辑真值表

A	B	Y
0	0	0
0	1	1
1	0	1
1	1	1

或逻辑关系可以表示为

$$Y = A + B$$

实现或逻辑功能的电路叫或门电路，其逻辑符号如图 7-10 所示。

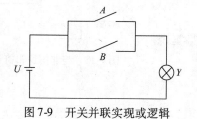

图 7-9　开关并联实现或逻辑

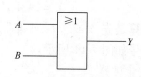

图 7-10　或门逻辑符号

归纳

或逻辑又叫逻辑加。或逻辑的逻辑规律是：输入有1时，输出就为1；输入全为0时，输出才为0。可以概括为"有1则1，全0为0"。

3. 非逻辑及非运算

当某一事件发生所需要的条件具备时，这一事件不会发生；当所需要的条件不具备时，这一事件却发生，这种因果关系称为非逻辑。

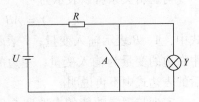

图7-11 开关与灯并联实现非逻辑

图7-11 所示电路中，开关 A 闭合时，灯 Y 灭，开关 A 断开时，灯 Y 亮。Y 与 A 的关系就是非逻辑关系。非逻辑真值表见表7-5。

非逻辑关系可以表示为

$$Y = \overline{A}$$

实现非逻辑功能的基本单元电路叫非门，其逻辑符号如图7-12所示。

表7-5 非逻辑真值表

A	Y
0	1
1	0

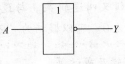

图7-12 非门逻辑符号

归纳

非逻辑又叫逻辑非。非逻辑的逻辑规律是：输入为1时，输出为0；输入为0时，输出为1。可以概括为"见1为0，见0为1"。

7.2.2 复合逻辑运算

逻辑代数中，除基本的逻辑运算外，还有一些常用的复合逻辑运算。

1. 与非运算

与非运算表达式为

$$Y = \overline{AB}$$

与非运算是先"与"后"非"，可用与非门电路实现。它的逻辑符号如图7-13所示。

2. 或非运算

或非运算表达式为

$$Y = \overline{A + B}$$

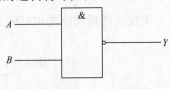

图7-13 与非门逻辑符号

或非运算是先"或"后"非"，可用或非门电路实现。它的逻辑符号如图7-14所示。

3. 与或非运算

与或非运算表达式为

$$Y = \overline{AB + CD}$$

与或非运算是一种复合运算，按顺序先"与"后"或"再"非"，可用与或非门电路实现。它的逻辑符号如图 7-15 所示。

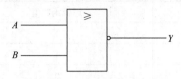

图 7-14　或非门逻辑符号

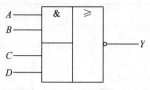

图 7-15　与或非门逻辑符号

4. 异或运算

异或运算表达式为

$$Y = A \oplus B = \overline{A}B + A\overline{B}$$

异或运算的规则是：两个变量输入不同时输出为 1，两个变量输入相同时输出为 0。异或运算可以用异或门实现，它的逻辑符号如图 7-16 所示。

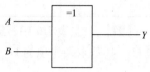

图 7-16　异或门逻辑符号

7.2.3　逻辑函数的表示方法

逻辑函数与普通代数中的函数的定义相似。在逻辑电路中，如果输入变量 A、B、$C\cdots$ 的取值确定后，输出变量 Y 的值也被唯一确定了，称 Y 是 A、B、$C\cdots$ 的逻辑函数，逻辑函数的一般表达式可以写为

$$Y = f(A、B、C\cdots)$$

逻辑函数的表示方法常用的有以下几种。

1. 真值表

真值表是分析逻辑电路的重要手段。它是一种将输入变量的所有可能的取值和对应的函数排列在一起而组成的表格（如前所述）。

 注意

　　列表时，必须将逻辑变量的所有可能的取值情况都列出，并列出相应的函数值。根据排列组合理论，如有 n 个逻辑变量，则可能的取值共有 2^n 个。习惯上，常按逻辑变量各种可能的取值所对应的二进制数从小到大（从 $0 \sim 2^n - 1$）排列。这样，既可避免遗漏，也可避免不必要的重复。

用真值表表示逻辑函数，主要的优点是直观明了，缺点是当变量较多时，列表比较长。

2. 逻辑函数表达式

逻辑函数表达式是用各变量的与、或、非逻辑运算的组合表达式来表示逻辑函数。如：

$$Y = AB + \overline{A}\,\overline{C} + B\overline{C}$$

根据真值表可以写出逻辑函数表达式，步骤如下：

1）将各个能使逻辑函数值为 1 的变量组合写成乘积项，乘积项中取值为 1 的变量写成原变量，取值为 0 的变量写成反变量。

2）将所有各乘积项相加，即得到逻辑函数表达式。

【例7-7】 已知真值表见表7-6，试写出逻辑函数表达式。

表7-6 逻辑函数 Y 的真值表

逻辑变量值		逻辑函数值
A	B	Y
0	0	1
0	1	0
1	0	0
1	1	1

【解】 在表7-6中，第一行以及第四行的逻辑函数值 Y 为1，A、B 的取值分别为：00 和11，其基本乘积项为 $\bar{A}\bar{B}$（00）和 AB（11），所以逻辑函数表达式为

$$Y = \bar{A}\,\bar{B} + AB$$

 小提示

如果两个逻辑函数具有相同的真值表，则称这两个逻辑函数是相等的，其条件是具有相同的逻辑变量，并且在变量的每种取值情况下，两函数的函数值也相等。

3. 逻辑图

用规定的逻辑符号按一定的规律连接构成的图，称为逻辑图。由逻辑函数表达式可以画出其相应的逻辑图。例7-7的逻辑关系也可用图7-17来表示。

由于逻辑符号也代表逻辑门，和电路器件是相对应的，所以逻辑图也称为逻辑电路图。

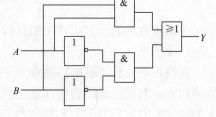

图7-17 例7-7的逻辑图

7.2.4 逻辑代数中的基本公式和定律

（1）基本运算法则

$$A + 0 = A \quad A + 1 = 1 \quad A + \bar{A} = 1 \quad A + A = A$$
$$A \cdot 1 = A \quad A \cdot 0 = 0 \quad A \cdot \bar{A} = 0 \quad A \cdot A = A$$

（2）交换律

$$A + B = B + A \quad AB = BA$$

（3）结合律

$$A + (B + C) = (A + B) + C \quad A(BC) = (AB)C$$

（4）分配律

$$A + BC = (A + B)(A + C) \quad A(B + C) = AB + AC$$

（5）吸收律

$$A(A + B) = A \quad A(\bar{A} + B) = AB$$
$$A + AB = A \quad A + \bar{A}B = A + B$$
$$AB + A\bar{B} = A \quad (A + B)(A + \bar{B}) = A$$

7.2.5 逻辑函数的化简

在数字电路中，往往要根据实际问题进行逻辑设计，根据设计得出的逻辑函数用电路去

实现，因此，只有最简的逻辑函数才能使得电路最简。在逻辑电路的设计中，如何化简逻辑函数表达式是十分重要的。

公式化简法是指运用逻辑代数的公式和定律化简逻辑函数表达式的方法。化简的目的是使表达式最简，即乘积项的项目最少；在每个乘积项中，变量的个数为最少。常用的化简方法如下：

（1）并项法　运用公式 $A + \bar{A} = 1$，将两项合并为一项，消去一个或两个变量。如
$$Y = A\overline{BC} + AB + A(\overline{\overline{BC} + B})$$
$$= A(\overline{BC} + B + \overline{\overline{BC} + B}) = A$$

（2）吸收法　运用吸收律 $A + AB = A$ 消去多余的与项。如
$$Y = \bar{A} + \bar{A}BC + \bar{A}BD + \bar{A}\bar{E} = \bar{A}(1 + BC + BD + \bar{E}) = \bar{A}$$

（3）消去法　运用吸收律 $A + \bar{A}B = A + B$ 消去多余的因子。如
$$Y = AB + \bar{A}C + \bar{B}C = AB + (\bar{A} + \bar{B})C = AB + \overline{AB}C = AB + C$$

（4）配项法　先通过乘以 $A + \bar{A} = 1$ 可在函数某一项中乘以 $A + \bar{A} = 1$，将其配项展开后消去多余的项，再用以上方法化简。如
$$Y = AB + \bar{A}\bar{C} + B\bar{C}$$
$$= AB + \bar{A}\bar{C} + (A + \bar{A})B\bar{C}$$
$$= AB + AB\bar{C} + \bar{A}\bar{C} + \bar{A}B\bar{C}$$
$$= AB(1 + \bar{C}) + \bar{A}\bar{C}(1 + B)$$
$$= AB + \bar{A}\bar{C}$$

课堂练一练

某逻辑函数的真值表见表 7-7，试写出 Y 的表达式并化简。

表 7-7　题 1 真值表

输入变量			输出变量
A	B	C	Y
0	0	0	0
0	0	1	1
0	1	0	1
0	1	1	0
1	0	0	1
1	0	1	0
1	1	0	0
1	1	1	1

7.3　逻辑门电路

7.3.1　电子元件的开关特性

用来接通或断开电路的开关器件应具有两种工作状态：一种是接通（要求其阻抗很小，相当于短路）；另一种是断开（要求其阻抗很大，相当于开路）。在数字电路中，二极管和

晶体管工作在开关状态，它们在脉冲信号的作用下，时而导通，时而截止，相当于开关的"接通"和"关断"。

1. 二极管的开关特性

利用二极管正向电阻和反向电阻相差很大的特性，可以将二极管作为电子开关器件。二极管正向导通时，其内阻很小，相当于开关接通，如图 7-18 所示。当二极管截止时，两个管脚间的电阻很大，相当于开关断开，如图 7-19 所示。

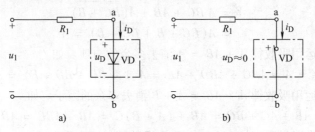

图 7-18 二极管导通时的开关特性

二极管 VD 加正向电压导通时，两端的电压 $u_D = 0.7V$（硅管），与电源电压相比很小，可近似约等于 0，相当于二极管两端短路，即开关接通，如图 7-18b 所示。

当二极管 VD 加反向电压时二极管截止，流过二极管的电流约等于 0，相当于二极管两端开路，即开关断开，如图 7-19b 所示。

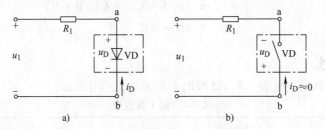

图 7-19 二极管截止时的开关特性

2. 晶体管的开关特性

晶体管在模拟电路中主要工作在放大状态，而在数字电路中，晶体管作为最基本的开关器件，它应工作在截止和饱和状态。晶体管工作状态的转换如图 7-20 所示。

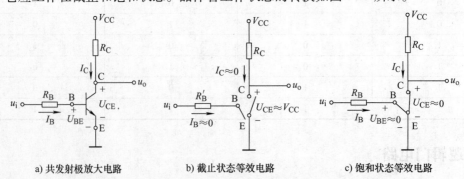

a) 共发射极放大电路   b) 截止状态等效电路   c) 饱和状态等效电路

图 7-20 晶体管工作状态的转换

当晶体管处于截止工作状态时，发射结反偏，集电结反偏，基极电流 $I_B \approx 0$，集电极电流 $I_C \approx 0$，则晶体管输出电压 $U_{CE} \approx V_{CC}$，此时 C-E 间导通电阻很大，相当于开关断开。

当晶体管处于饱和工作状态时，发射结正偏，$U_{BE} \approx 0$，I_C 增大，使 $U_{CE} = V_{CC} - I_C R_C$ 下降至 $0.3V$ 左右，集电结由反偏转为正偏，由于 U_{CE} 很小，接近于零，相当于晶体管 C-E 间短路，则开关闭合。

7.3.2　基本逻辑门电路

能够实现逻辑运算的电路称为逻辑门电路。在用电路实现逻辑运算时，用输入端的电压或电平表示自变量，用输出端的电压或电平表示因变量。

1. 二极管与门和或门电路

（1）与门电路　图 7-21a 为二极管与门电路，图 7-21b 是它的逻辑符号。其工作原理如下：

1）$V_A = V_B = 0V$。此时二极管 VD$_1$ 和 VD$_2$ 都导通，由于二极管正向导通时的钳位作用，$V_Y \approx 0V$。

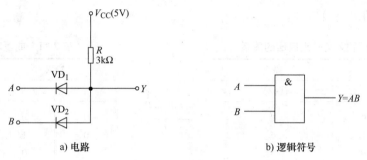

a) 电路　　　　　　　　　　　　b) 逻辑符号

图 7-21　二极管与门

2）$V_A = 0V$，$V_B = 5V$。此时二极管 VD$_1$ 导通，由于钳位作用，$V_Y \approx 0V$，VD$_2$ 受反向电压而截止。

3）$V_A = 5V$，$V_B = 0V$。此时 VD$_2$ 导通，$V_Y \approx 0V$，VD$_1$ 受反向电压而截止。

4）$V_A = V_B = 5V$。此时二极管 VD$_1$ 和 VD$_2$ 都截止，$V_Y = V_{CC} = 5V$。

将上述分析结果归纳起来列入表 7-8 和表 7-9 中，如果采用正逻辑，很容易看出它实现的逻辑运算为

$$Y = AB$$

表 7-8　与门输入与输出电压的关系

输入		输出
V_A/V	V_B/V	V_Y/V
0	0	0
0	5	0
5	0	0
5	5	5

表 7-9　与逻辑真值表

输入		输出
A	B	Y
0	0	0
0	1	0
1	0	0
1	1	1

增加一个输入端和一个二极管，就可变成三输入端与门。按此办法可构成更多输入端的与门。

（2）或门电路　图 7-22a 为二极管或门电路，图 7-22b 是它的逻辑符号。其工作原理如下：

1）$V_A = V_B = 0V$。此时二极管 VD_1 和 VD_2 都截止，$V_Y \approx 0V$。

2）$V_A = 0V$，$V_B = 5V$。此时二极管 VD_2 导通，由于钳位作用，$V_Y \approx 5V$，VD_1 受反向电压而截止。

3）$V_A = 5V$，$V_B = 0V$。此时 VD_1 导通，$V_Y \approx 5V$，VD_2 受反向电压而截止。

4）$V_A = V_B = 5V$。此时二极管 VD_1 和 VD_2 都导通，$V_Y = 5V$。

将上述分析结果归纳起来列入表 7-10 中，采用正逻辑，很容易看出它实现的逻辑运算为

$$Y = A + B$$

或逻辑真值表见表 7-11。

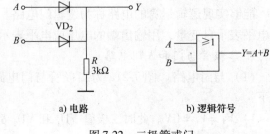

a) 电路　　　　　　　b) 逻辑符号

图 7-22　二极管或门

表 7-10　或门输入与输出电压的关系

输入		输出
V_A/V	V_B/V	V_Y/V
0	0	0
0	5	5
5	0	5
5	5	5

表 7-11　或逻辑真值表

输入		输出
A	B	Y
0	0	0
0	1	1
1	0	1
1	1	1

同样，可用增加输入端和二极管的方法，构成更多输入端的或门。

2. 晶体管非门电路

图 7-23a 是由晶体管组成的非门电路，图 7-23b 是它的逻辑符号，非门又称反相器。晶体管的开关特性在前面作过详细讨论，这里重点分析它的逻辑关系。仍设输入信号为 5V 或 0V。此电路只有以下两种工作情况：

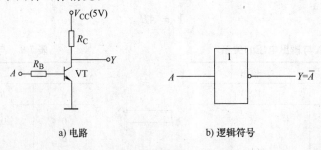

a) 电路　　　　　　　b) 逻辑符号

图 7-23　晶体管非门

1）$V_A = 0V$。此时晶体管的发射结电压小于死区电压，满足截止条件，所以管子截止，$V_Y = V_{CC} = 5V$。

2）$V_A = 5V$。此时晶体管的发射结正偏，管子导通，只要合理选择电路参数，使其满足饱和条件 $I_B > I_{BS}$，则管子工作于饱和状态，有 $V_Y = U_{CES} \approx 0V$（0.3V）。

将上述分析结果列入表 7-12 中，此电路不管采用正逻辑体制还是负逻辑体制，都满足非运算的逻辑关系。非逻辑真值表见表 7-13。

表 7-12　非门输入与输出电压的关系　　　　　　　　　**表 7-13　非逻辑真值表**

输入	输出
V_A/V	V_Y/V
0	5
5	0

输入	输出
A	Y
0	1
1	0

7.3.3　TTL 集成逻辑门电路

分立元器件构成的门电路应用时有许多缺点，如体积大、可靠性差等，一般在电子电路中作为补充电路时用到，在数字电路中广泛采用的是 TTL 集成逻辑门电路。TTL 集成逻辑门电路是晶体管逻辑门电路的简称，是一种双极性晶体管集成电路。

1. TTL 集成逻辑门电路产品系列及型号的命名法

我国 TTL 集成电路目前有 CT54/74（普通）、CT54/74H（高速）、CT54/745（肖特基）、CT54/74LS（低功耗）四个系列国家标准的集成门电路，其型号组成符号及意义见表 7-14。

表 7-14　TTL 器件型号组成符号及意义

第 1 部分		第 2 部分		第 3 部分		第 4 部分		第 5 部分	
型号前级		温度范围		器件系列		器件品种		封装形式	
符号	意义	符号	意义	符号	意义	符号	意义	符号	意义
CT	中国制造的 TTL 类	54	−55～125℃	H	高速	阿拉伯数字	器件功能	W	陶瓷扁平
				S	肖特基			B	塑装扁平
				LS	低功耗肖特基			F	全密封扁平
SN	美国 TEXAS 公司产品	74	0～70℃	AS	先进肖特基			D	陶瓷双列直插
				ALS	先进低功耗肖特基			P	塑料双列直插
				FAS	快捷肖特基			J	黑陶瓷双列直插

例如：

CT　74　H　10　F

- 封装形式：全密封扁平
- 器件品种：3 输入端三与非门
- 器件系列：高速
- 温度范围：0～70℃
- 型号前级：中国制造的 TTL 器件

2. 常用 TTL 集成逻辑门芯片

74X 系列为标准的 TTL 集成逻辑门系列。表 7-15 列出了几种常用的 74LS 系列集成电路的型号及功能。

表 7-15　常用的 74LS 系列集成电路的型号及功能

型号	逻辑功能	型号	逻辑功能
74LS00	2 输入端四与非门	74LS27	3 输入端三或非门
74LS04	六反相器	74LS20	4 输入端双与非门
74LS08	2 输入端四与门	74LS21	4 输入端双与门
74LS10	3 输入端三与非门	74LS30	8 输入端与门
74LS11	3 输入端三与门	74LS32	2 输入端四或门

下面列出几种常用集成芯片的外围引脚图和逻辑图。

1）74LS08 与门集成芯片。

常用的 74LS08 与门集成芯片的内部有四个二输入的与门电路，其外围引脚图和逻辑图如图 7-24 所示。

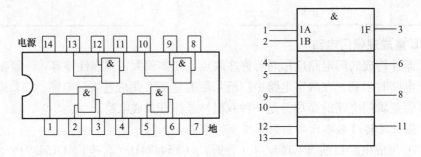

图 7-24　74LS08 外围引脚图和逻辑图

2）74LS00 与非门集成芯片。

常用的 74LS00 与非门集成芯片，它的内部有四个二输入的与非门电路，其外围引脚图和逻辑图如图 7-25 所示。

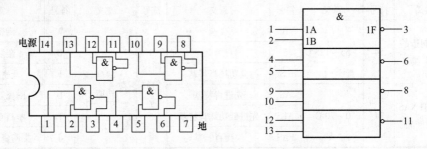

图 7-25　74LS00 外围引脚图和逻辑图

3）74LS02 或非门集成芯片。

常用的 74LS02 或非门集成芯片的内部有四个二输入的或非门电路，其外围引脚图和逻辑图如图 7-26 所示。

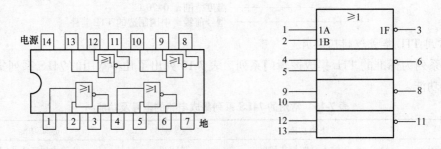

图 7-26　74LS02 外围引脚图和逻辑图

4）74LS04 非门集成芯片。

常用的 74LS04 非门集成芯片的内部有六个非门电路，其外围引脚图和逻辑图如图 7-27 所示。

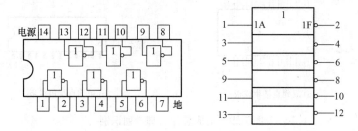

图 7-27　74LS04 外围引脚图和逻辑图

TTL 集成门电路使用注意事项：

1）与门、与非门的多余输入端经 $1k\Omega$ 的电阻接高电平或与已使用的输入端并联。

2）或门、或非门多余输入端可以直接接地或与已用的输入端并联。

3）电路输入端不能直接与高于 $5.5V$，低于 $-0.5V$ 的低电阻电源连接，否则会因为有较大电流流入器件而烧毁器件。

CMOS 集成电路

除了晶体管集成电路外，还有一种由场效应晶体管组成的电路，这就是 CMOS 集成电路。CMOS 集成门电路具有功耗低、电源电压范围宽、抗干扰能力强、制造工艺简单、集成度高，宜于实现大规模集成等优点，因而在数字电路，电子计算机及显示仪表等许多方面获得了广泛的应用。

集成电路引脚识别

集成电路引脚排列顺序的标志一般有色点、凹槽、管键及封装时压出的圆形标志。图 7-28 所示为与非门集成芯片 74LS00 的外形。

对于双列直插集成芯片，引脚识别方法是将集成电路水平放置，引脚向下，标志朝左边，左下角为第一个引脚，然后按逆时针方向数，依次为 2，3，4 等。对于单列直插集成芯片，让引脚向下，标志朝左边，从左下角第一个引脚到最后一个引脚，依次为 1，2，3 等。集成芯片引脚排列识别如图 7-29 所示。

图 7-28　与非门集成芯片 74LS00 的外形

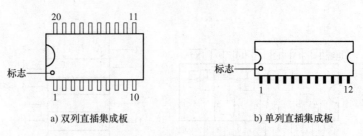

a) 双列直插集成板　　　　b) 单列直插集成板

图 7-29　集成芯片引脚排列识别

课堂练一练

1. 一个四输入端的与非门，它的输出有几种状态？
2. TTL 与非门多余输入端的一般处理方法是什么？

7.4　组合逻辑电路

数字电路分为组合逻辑电路和时序逻辑电路。组合逻辑电路是数字电路中最简单的一类逻辑电路，其特点是功能上无记忆，即电路任一时刻的输出状态只取决于该时刻各输入状态的组合，而与电路的原状态无关。

7.4.1　组合逻辑电路分析

组合逻辑电路分析是指对给定的组合逻辑电路进行分析，确定其逻辑功能的过程。组合逻辑电路分析的过程一般分为四步：

1）根据组合逻辑电路图写出输出端逻辑函数表达式。

2）将逻辑函数表达式化简。

3）根据最简逻辑函数表达式写出真值表。

4）根据逻辑真值表分析其逻辑功能。

【例 7-8】　分析图 7-30 所示逻辑电路的功能。

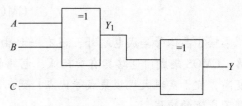

图 7-30　例 7-8 的逻辑电路图

【解】　1）写出逻辑函数表达式为

$$Y_1 = A \oplus B$$
$$Y = Y_1 \oplus C = A \oplus B \oplus C$$

> ⚠ 注意
>
> 列写逻辑电路图的表达式关键在于从输入端开始，逐级写出各门电路的输出，直至求出 Y。通常是按照从左往右、从上往下的顺序进行。

2）逻辑表达式化简得

$$Y = (A \overline{B} + \overline{A}B) \overline{C} + \overline{(A \overline{B} + \overline{A}B)}C = A \overline{B} \overline{C} + \overline{A}B \overline{C} + (\overline{\overline{A}B}) \overline{(A \overline{B})}C$$
$$= A \overline{B} \overline{C} + \overline{A}B \overline{C} + (A + \overline{B})(\overline{A} + B)C$$
$$= \overline{A} \overline{B}C + \overline{A}B \overline{C} + A \overline{B} \overline{C} + ABC$$

> **注意**
>
> 　　逻辑表达式化简的最终结果应得到最简表达式，最简表达式的形式一般为最简的与或式，例如 $AB+CD$。最简与或式中的与项要最少，而且每个与项中的变量数目也要减少。

　　3）列出真值表。将输入 A、B、C 取值的各种组合代入化简后的表达式中，求出输出 Y 的值，由此列出表 7-16 所示的真值表。

表 7-16　例 7-8 的真值表

输　　入			输　　出
A	B	C	Y
0	0	0	0
0	0	1	1
0	1	0	1
0	1	1	0
1	0	0	1
1	0	1	0
1	1	0	0
1	1	1	1

　　4）逻辑功能分析。由表 7-16 可以看出：在输入 A、B、C 三个变量中，有奇数个 1 时，输出 Y 为 1，否则 Y 为 0。因此，图 7-30 所示电路为三位判奇电路，又称奇校验电路。

7.4.2　组合逻辑电路设计

　　组合逻辑电路设计是指根据给定的逻辑功能设计符合要求的逻辑电路。一般可按如下步骤完成：

　　1）根据给定的逻辑功能写出真值表。

　　2）根据真值表写出逻辑函数表达式。

　　3）将逻辑函数表达式化为最简表达式。

　　4）根据最简表达式画出逻辑电路图。

　　【例 7-9】　设计一个三人表决电路，结果按"少数服从多数"的原则决定。

　　【解】　1）根据设计要求建立该逻辑函数的真值表。

　　设三人的意见为变量 A、B、C，表决结果为函数 Y。对变量及函数进行如下状态赋值：对于变量 A、B、C，设同意为逻辑"1"；不同意为逻辑"0"。对于函数 Y，设事情通过为逻辑"1"；没通过为逻辑"0"。

　　列出真值表见表 7-17。

表 7-17　例 7-9 真值表

A	B	C	Y
0	0	0	0
0	0	1	0
0	1	0	0
0	1	1	1
1	0	0	0

			（续）
A	B	C	Y
1	0	1	1
1	1	0	1
1	1	1	1

2）由真值表写出逻辑表达式为

$$Y = \overline{A}BC + A\overline{B}C + AB\overline{C} + ABC$$

3）化简。

$$Y = \overline{A}BC + A\overline{B}C + AB\overline{C} + ABC = \overline{A}BC + ABC + A\overline{B}C + ABC + AB\overline{C} + ABC$$

$$= (\overline{A} + A)BC + (\overline{B} + B)AC + (\overline{C} + C)AB = BC + AC + AB$$

4）画出逻辑图如图 7-31 所示。

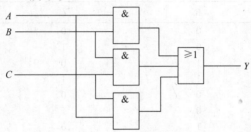

图 7-31　例 7-9 逻辑图

归纳

　　组合逻辑电路的设计是分析的逆过程，实现一个特定的逻辑问题的逻辑电路是多种多样的。在实际设计工作中，如果由于某些原因无法获得某些门电路，则可以通过变换逻辑表达式改变电路，从而能使用其他器件来代替该器件。同时，为了使逻辑电路的设计更简洁，可通过各种方法对逻辑表达式进行化简。设计要求在满足逻辑功能和技术要求的基础上，力求使电路简单、经济、可靠。实现组合逻辑电路的途径是多种多样的，可采用基本门电路，也可采用中、大规模集成电路。

【例 7-10】　图 7-32 是一个密码锁控制电路。开锁条件是：拨对密码；钥匙插入锁眼将开关 S 闭合。当两个条件同时满足时，开锁信号为 "1"，将锁打开。否则，报警信号为 "1"，接通警铃。试分析密码 ABCD 是多少？

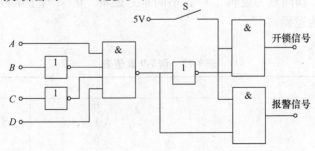

图 7-32　密码锁控制电路

【解】　　令开锁信号为 Y，由逻辑图可写出逻辑关系式为

$$Y = S \cdot \overline{\overline{\overline{A B} \overline{CD}}} = S \cdot \overline{A} B C \overline{D}$$

当 $ABCD = 1001$，$S = 1$ 时，锁打开。所以开锁密码是 1001。

 课堂练一练

1. 三人表决器如何用与非门实现，试画出电路图。

2. 在某项资格审批程序中，有 A、B、C、D 四个评委进行投票裁定，其中评委 A、B、C 三人的裁定各计一票，而评委 D 的裁定计两票。现在，要求票数超过半数（即大于或者等于 3 票）才算资格审批通过，否则资格审批不通过。试设计满足要求的组合逻辑电路。

7.5　常用中规模组合逻辑电路

一般来说，小规模集成电路中仅是元器件的集成，如集成门电路。中规模集成电路中是相对独立的逻辑部件或功能模块的集成，如译码器、数据选择器等。大规模集成电路则是一个数字子系统或几个数字系统的集成。

由于中规模集成电路标准化程序高，通用性强，并且具有体积小，功耗低，可靠性高，易于设计、生产、调试和维护等优点，在工程应用中常被采用。本节主要介绍几种常用的中规模组合逻辑电路，包括编码器、译码器、加法器、数据选择器。

7.5.1　编码器

编码器的逻辑功能就是将输入的每一个高、低电平信号编成一个对应的二进制代码，通常有普通编码器和优先编码器两类。在普通编码器中，任何时刻只允许输入一个编码信号，否则将会发生混淆。常用的有二进制编码器和二-十进制编码器。

1. 二进制编码器

二进制只有 0 和 1 两个数码，一位二进制代码只有 0、1 两种状态，只能表示两个信号；两位二进制代码有 00、01、10、11 四种状态，可以表示四个信号：n 位二进制代码有 2^n 种状态，可以表示 2^n 个信号。二进制编码器就是将某种信号编成二进制代码的电路。

例如 4 线-2 线编码器，若 $I_0 \sim I_3$ 为四个输入端，任何时刻只允许一个输入为高电平，Y_1、Y_0 为对应输出信号的编码，真值表见表 7-18。

表 7-18　4 线-2 线编码器真值表

输入				输出	
I_3	I_2	I_1	I_0	Y_1	Y_0
0	0	0	1	0	0
0	0	1	0	0	1
0	1	0	0	1	0
1	0	0	0	1	1

由真值表得到逻辑函数表达式为

$$Y_1 = \overline{I_3} I_2 \overline{I_1}\, \overline{I_0} + I_3 \overline{I_2}\, \overline{I_1}\, \overline{I_0}$$

$$Y_0 = \overline{I_3}\, \overline{I_2} I_1 \overline{I_0} + I_3 \overline{I_2}\, \overline{I_1}\, \overline{I_0}$$

由此可以画出图 7-33 所示的 4 线-2 线编码器逻辑电路图。

2. 优先编码器

上述编码器虽然比较简单，但当同时有两个或两个以上输入端有信号时，其编码输出将是混乱的。如果编码器能对所有的输入信号规定优先顺序，当多个输入信号同时出现时，只对其中优先级最高的一个进行编码，这种编码器就是优先编码器。常用的优先编码集成器件有 74LS147/74LS148 等。

74LS148 是一种常用的 8 线-3 线优先编码器，其外围引脚图及逻辑符号如图 7-34 所示。

74LS148 优先编码器真值表见表 7-19，其中 $\bar{I_0}$ ~ $\bar{I_7}$ 为编码输入端，低电平有效。$\bar{Y_0}$ ~ $\bar{Y_2}$ 为编码输出端，也为低电平有效，即反码输出。其他功能如下：

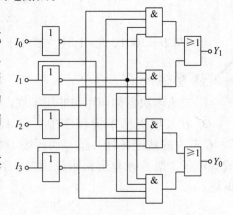

图 7-33　4 线-2 线编码器逻辑电路图

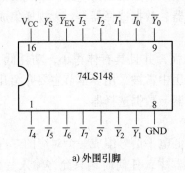

a) 外围引脚

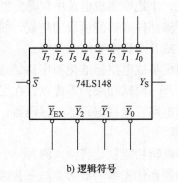

b) 逻辑符号

图 7-34　74LS148 外围引脚图及逻辑符号

1）$\bar{S}$ 为选通输入端，低电平有效。

2）优先顺序为 $\bar{I_7}$ ~ $\bar{I_0}$，即 $\bar{I_7}$ 的优先级最高，然后是 $\bar{I_6}$、$\bar{I_5}$、…、$\bar{I_0}$。

3）$\bar{Y_{EX}}$ 为编码器的扩展输出端，低电平有效。

4）Y_S 为选通输出端，高电平有效。

表 7-19　74LS148 优先编码器真值表

输 入									输 出				
$\bar{S}$	$\bar{I_0}$	$\bar{I_1}$	$\bar{I_2}$	$\bar{I_3}$	$\bar{I_4}$	$\bar{I_5}$	$\bar{I_6}$	$\bar{I_7}$	$\bar{Y_2}$	$\bar{Y_1}$	$\bar{Y_0}$	$\bar{Y_{EX}}$	Y_S
1	×	×	×	×	×	×	×	×	1	1	1	1	1
0	1	1	1	1	1	1	1	1	1	1	1	1	0
0	×	×	×	×	×	×	×	0	0	0	0	0	1
0	×	×	×	×	×	×	0	1	0	0	1	0	1
0	×	×	×	×	×	0	1	1	0	1	0	0	1
0	×	×	×	×	0	1	1	1	0	1	1	0	1
0	×	×	×	0	1	1	1	1	1	0	0	0	1
0	×	×	0	1	1	1	1	1	1	0	1	0	1
0	×	0	1	1	1	1	1	1	1	1	0	0	1
0	0	1	1	1	1	1	1	1	1	1	1	0	1

知识拓展

在常用的优先编码器电路中，除了二进制编码器以外，还有一类称为二-十进制优先编码器。二-十进制编码器是指用四位二进制代码表示一位十进制的编码电路，也称为 10 线-4 线编码器。它能将 10 个输入信号 $\overline{I_0} \sim \overline{I_9}$ 分别编成 10 个 BCD 代码。在 10 个输入信号中 $\overline{I_9}$ 的优先权最高，$\overline{I_0}$ 的优先权最低，如 TTL 系列中的 10 线-4 线优先编码器 74LS147。

7.5.2 译码器

译码是编码的逆过程。编码是将每一个输入信号编成对应的代码输出，每组编码代表一个输入信号。译码是将输入的编码所代表的特定含义翻译出来。实现译码功能的电路称为译码器。

1. 二进制译码器

假设译码器有 n 个输入信号和 N 个输出信号，如果 $N = 2^n$，就称为全译码器，常见的全译码器有 2 线-4 线译码器、3 线-8 线译码器、4 线-16 线译码器等。如果 $N < 2^n$，称为部分译码器，如二-十进制译码器（也称为 4 线-10 线译码器）等。

下面以 2 线-4 线译码器为例说明译码器的工作原理和电路结构。

2 线-4 线译码器真值表见表 7-20，其中 $\overline{EI}$ 为使能端，低电平有效；输出 $\overline{Y_0} \sim \overline{Y_3}$ 也为低电平有效。

表 7-20　2 线-4 线译码器真值表

输　　　　入			输　　　　出			
$\overline{EI}$	A	B	$\overline{Y_0}$	$\overline{Y_1}$	$\overline{Y_2}$	$\overline{Y_3}$
1	×	×	1	1	1	1
0	0	0	0	1	1	1
0	0	1	1	0	1	1
0	1	0	1	1	0	1
0	1	1	1	1	1	0

由表 7-20 可写出各输出函数表达式为

$$Y_0 = \overline{\overline{EI}\,\overline{A}\,\overline{B}}$$

$$Y_1 = \overline{\overline{EI}\,\overline{A}\,B}$$

$$Y_2 = \overline{\overline{EI}\,A\,\overline{B}}$$

$$Y_3 = \overline{\overline{EI}\,A\,B}$$

由门电路构成的 2 线-4 线译码器的逻辑电路图如图 7-35 所示。

2. 集成译码器

常用的 TTL 集成译码器有：2 线-4 线译码器（74LS139）——2 个输入变量控制 4 个输出端；3 线-8 线译码器（74LS138）——3 个输入变量控制 8 个输出端；4 线-16 线译码器（74LS154）——4 个输入变量控制 16 个输出端。

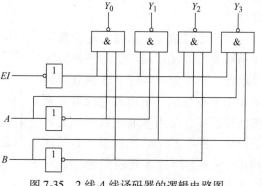

图 7-35　2 线-4 线译码器的逻辑电路图

74LS138 是一种典型的二进制译码器。74LS138 外围引脚图及逻辑符号如图 7-36 所示，它有 3 个输入端 A_2、A_1、A_0，8 个输出端 $\overline{Y_0} \sim \overline{Y_7}$，所以称为3 线-8 线译码器，属于全译码器。输出为低电平有效，G_1、$\overline{G_{2A}}$ 和 $\overline{G_{2B}}$ 为使能输入端，芯片功能见表 7-21。

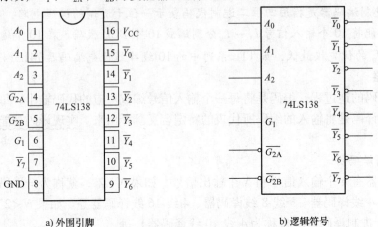

a) 外围引脚　　　　　　　　　　　　b) 逻辑符号

图 7-36　74LS148 外围引脚图及逻辑符号

表 7-21　3 线-8 线译码器 74LS138 功能表

输　　入						输　　出							
G_1	$\overline{G_{2A}}$	$\overline{G_{2B}}$	A_2	A_1	A_0	$\overline{Y_7}$	$\overline{Y_6}$	$\overline{Y_5}$	$\overline{Y_4}$	$\overline{Y_3}$	$\overline{Y_2}$	$\overline{Y_1}$	$\overline{Y_0}$
×	0	1	×	×	×	1	1	1	1	1	1	1	1
×	1	0	×	×	×	1	1	1	1	1	1	1	1
0	×	×	×	×	×	1	1	1	1	1	1	1	1
1	0	0	0	0	0	1	1	1	1	1	1	1	0
1	0	0	0	0	1	1	1	1	1	1	1	0	1
1	0	0	0	1	0	1	1	1	1	1	0	1	1
1	0	0	0	1	1	1	1	1	1	0	1	1	1
1	0	0	1	0	0	1	1	1	0	1	1	1	1
1	0	0	1	0	1	1	1	0	1	1	1	1	1
1	0	0	1	1	0	1	0	1	1	1	1	1	1
1	0	0	1	1	1	0	1	1	1	1	1	1	1

3. 七段显示译码器

在数字系统中，通常需要将数字量直观地显示出来，一方面供人们直接读取处理结果，另一方面用以监视数字系统的工作情况。因此，数字显示电路是许多数字设备不可缺少的部分。

（1）七段数字显示器　七段数字显示器是目前使用最广泛的一种数码显示器，简称为数码管。这种数码显示器由分布在同一平面的七段可发光的线段组成，可用来显示数字、文字或符号。图 7-37 表示七段数字显示器利用 $a \sim g$ 不同的发光段组合，显示 0~9 等数字及图形。

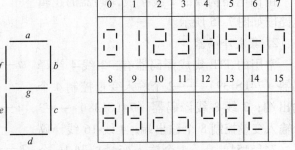

图 7-37　数码管的不同显示组合

数码管按其内部连接方式可分为共阴极和共阳极两类。图 7-38a 为带小数点的 LED 数码管引脚排列，共八个笔划端：a、b、c、d、e、f、g 组成七段字型，Dp 为小数点。图 7-38b 和图 7-38c 分别为共阴极和共阳极数码管内部连接方式。

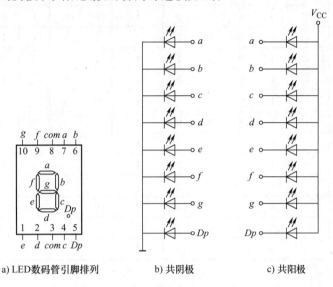

a) LED数码管引脚排列　　　　b) 共阴极　　　　c) 共阳极

图 7-38　LED 数码管

（2）七段显示译码器　在 74 系列和 CMOS4000 系列电路中，七段显示译码器品种很多，功能各有差异，现以 74LS47/48 为例，分析说明显示译码器的功能和应用。

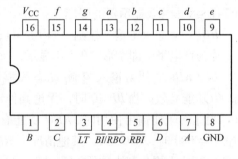

图 7-39　74LS48 引脚图

图 7-39 为 74LS48 引脚图，表 7-22 为其真值表。74LS47 与 74LS48 的主要区别为输出有效电平不同，74LS47 输出低电平有效，可驱动共阳极 LED 数码管；74LS48 输出高电平有效，可驱动共阴极 LED 数码管。以下分析以 74LS48 为例。

输入端 $ABCD$，二进制编码输入。

输出端 $a \sim f$，译码字段输出。高电平有效，即 74LS48 必须接共阴极 LED 数码管。

表 7-22　七段显示译码器 **74LS48** 的真值表

十进制数 或功能	输　　入						$\overline{BI}/\overline{RBO}$	输　　出						
	$\overline{LT}$	$\overline{RBI}$	D	C	B	A		a	b	c	d	e	f	g
0	1	1	0	0	0	0	1	1	1	1	1	1	1	0
1	1	×	0	0	0	1	1	0	1	1	0	0	0	0
2	1	×	0	0	1	0	1	1	1	0	1	1	0	1
3	1	×	0	0	1	1	1	1	1	1	1	0	0	1
4	1	×	0	1	0	0	1	0	1	1	0	0	1	1
5	1	×	0	1	0	1	1	1	0	1	1	0	1	1
6	1	×	0	1	1	0	1	0	0	1	1	1	1	1

（续）

十进制数或功能	输　入					$\overline{BI/RBO}$	输　出						
	$\overline{LT}$	$\overline{RBI}$	D	C	B	A		a	b	c	d	e	f	g
7	1	×	0	1	1	1	1	1	1	1	0	0	0	0
8	1	×	1	0	0	0	1	1	1	1	1	1	1	1
9	1	×	1	0	0	1	1	1	1	1	0	0	1	1
10	1	×	1	0	1	0	1	0	0	0	1	1	0	1
11	1	×	1	0	1	1	1	0	0	1	1	0	0	1
12	1	×	1	1	0	0	1	0	1	0	0	0	1	1
13	1	×	1	1	0	1	1	1	0	0	1	0	1	1
14	1	×	1	1	1	0	1	0	0	0	1	1	1	1
15	1	×	1	1	1	1	1	0	0	0	0	0	0	0
消隐	×	×	×	×	×	×	0	0	0	0	0	0	0	0
动态灭零	1	0	0	0	0	0	0	0	0	0	0	0	0	0
灯测试	0	×	×	×	×	×	1	1	1	1	1	1	1	1

控制端功能如下：

$\overline{LT}$：灯测试，低电平有效。$\overline{LT}=0$，笔段输出全1，显示字形"8"。该输入端常用于检查74LS48本身及显示器的好坏。

$\overline{RBI}$：动态灭零输入控制。当 $\overline{LT}=1$，$\overline{RBI}=0$，且输入代码 $DCBA=0000$ 时，输出 $a\sim g$ 均为低电平，即字形"0"不显示，称为"灭零"。

$\overline{BI}/\overline{RBO}$：灭灯输入控制/动态灭零输出，具有双重功能。当此端子作输入控制使用时，$\overline{BI}$功能有效。当 $\overline{BI}=0$ 时，无论其他输入端是什么电平，所有输出 $a\sim g$ 均为0，字形熄灭。当此端子作输出使用时，$\overline{RBO}$功能有效，此时该端子在 $\overline{LT}=1$，$\overline{RBI}=0$，且输入代码 $DCBA=0000$ 时，$\overline{RBO}=0$，其他情况下 $\overline{RBO}=1$。该端子主要用于显示多位数字时使用，可使整数高位无用0和小数低位无用0不显示。

7.5.3　加法器

加法器是运算器的基础，在简单的计算机中，数的加、减、乘、除都是通过加法器来实现的，目前整个运算器包括加法器都已集成化了。

1. 半加器

不考虑低位输入的进位，而只考虑本位两数相加，称半加，实现半加运算的电路称为半加器。设两数为 A、B，相加后有半加和 S 和进位 C。根据两数相加情况，可列出真值表，见表7-23。

表7-23　半加器真值表

A	B	S	C
0	0	0	0
0	1	1	0
1	0	1	0
1	1	0	1

由表 7-23 可以看出，当 A、B 相异时，$S=1$；当 A、B 相同时，$S=0$；而仅当 A、B 同时为 1 时，才有 $C=1$。因此逻辑函数式为

$$S = A\bar{B} + \bar{A}B = A \oplus B$$

$$C = AB$$

图 7-40a、b 分别为半加器的逻辑图及逻辑符号。

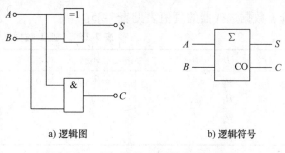

a) 逻辑图　　　　　b) 逻辑符号

图 7-40　半加器的逻辑图及逻辑符号

2. 全加器

两个数 A_i、B_i 相加时，如考虑低位来的进位 C_{i-1}，则称为<u>全加</u>，实现全加运算的电路称为<u>全加器</u>。全加器共有三个输入端 A_i、B_i、C_{i-1}，两个输出端 S_i、C_i。图 7-41 为全加器的逻辑图及逻辑符号。表 7-24 为全加器真值表。利用全加器可实现多位二进制数的加法。

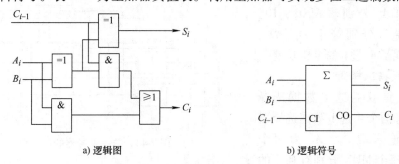

a) 逻辑图　　　　　　　　　　b) 逻辑符号

图 7-41　全加器的逻辑图及逻辑符号

表 7-24　全加器真值表

A_i	B_i	C_{i-1}	S_i	C_i
0	0	0	0	0
0	0	1	1	0
0	1	0	1	0
0	1	1	0	1
1	0	0	1	0
1	0	1	0	1
1	1	0	0	1
1	1	1	1	1

7.5.4　数据选择器

数据选择器又称多路选择开关（Multiplexer，MUX），其功能是在地址输入信号控制下，选择多个输入数据中的一个传送到输出端，相当于一个单刀多掷开关，如图 7-42 所示。常见的数据选择器有 4 选 1、8 选 1、16 选 1。

1. 4 选 1 数据选择器

4 选 1 数据选择器有 4 个数据输入端 D_0、D_1、D_2、D_3，两个选择控制信号端 A_1 和 A_0，一个输出信号端 Y。4

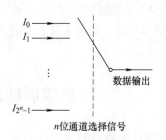

图 7-42　数据选择器功能示意图

选 1 数据选择器的真值表见表 7-25。

表 7-25　4 选 1 数据选择器的真值表

D	A_1	A_0	Y
D_0	0	0	D_0
D_1	0	1	D_1
D_2	1	0	D_2
D_3	1	1	D_3

由真值表可得逻辑表达式为

$$Y = D_0 \overline{A_1}\,\overline{A_0} + D_1 \overline{A_1}A_0 + D_2 A_1 \overline{A_0} + D_3 A_1 A_0$$

根据逻辑表达式可画出逻辑图如图 7-43 所示。

由逻辑函数表达式和逻辑真值表可看出，当控制端 $A_1 A_0 = 00$ 时，输出 $Y = D_0$；$A_1 A_0$ 分别输入 01、10、11 时输出端 Y 分别等于 D_1、D_2、D_3，从而实现了 4 选 1 的逻辑功能。

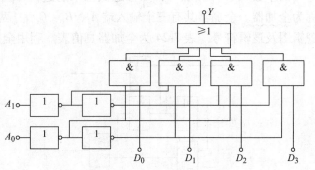

图 7-43　数据选择器的逻辑图

2. 集成数据选择器

74LS153 是双 4 选 1 数据选择器，其内部有两个 4 选 1 数据选择器 MUX，地址输入端 A_1、A_0 为两个 MUX 公用，每个 MUX 分别有独立的数据输入端 $D_0 \sim D_3$、数据输出端 Y 和控制输入端 $\overline{ST}$。74LS153 的引脚排列图和逻辑符号如图 7-44a、b 所示。

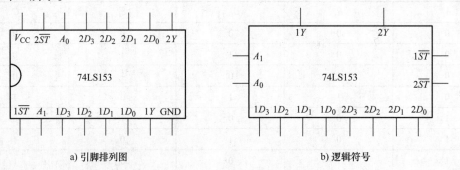

a) 引脚排列图　　　　　　　　　　　　　　b) 逻辑符号

图 7-44　双 4 选 1 数据选择器 74LS153

$\overline{ST}$ 是控制输入端（又称使能端），当 $\overline{ST} = 1$ 时，禁止工作，输入数据被封锁，$Y = 0$；当 $\overline{ST} = 0$ 时，实现 4 选 1 功能，由地址输入端决定哪一路输入数据从 Y 输出。$\overline{ST}$ 为低电平有效。

技能训练八　常用集成门电路的功能测试

一、训练目的

1. 掌握常用 TTL 集成门电路的逻辑功能测试方法。

2. 熟悉常用集成门电路的逻辑符号及集成块引脚的识别方法。

二、训练所用仪器与器材

1. 数字电子技术技能训练箱　　　　　　　　　　　　　　　1 套
2. 双踪示波器　　　　　　　　　　　　　　　　　　　　1 台
3. 万用表　　　　　　　　　　　　　　　　　　　　　　1 只
4. 集成电路 74LS00、CC4002　　　　　　　　　　　　　　1 块

三、训练内容与步骤

本训练以 2 输入端四与非门（74LS00）的逻辑功能测试为例。74LS00 集成芯片为 2 输入端四与非门芯片，其内部电路框图及引脚图如图 7-45 所示。14 脚为电源正（V_{CC}）端，7 脚为电源地（GND）端，其余引脚为输入端和输出端。四组逻辑门均需要进行功能测试。

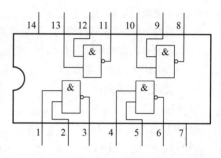

图 7-45　74LS00 的内部电路框图及引脚图

1）按图 7-46 接线。将 74LS00 芯片中的 V_{CC} 端接电源（5V），GND 端接地。

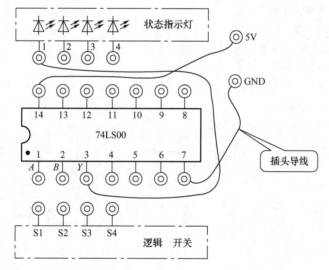

图 7-46　74LS00 芯片功能测试接线图

2）在与非门的两个输入端分别接通开关 S1、S2 加入相应的逻辑电平，观测与非门对应的输出端 Y 的状态。输出状态用发光二极管显示，若发光二极管亮，则输出状态为高电平 1，否则为低电平 0，并将结果填入表 7-26 中。

表 7-26　74LS00 与非门的逻辑功能测试表

输　　入		输　　出	
		Y	
A	B	理论值	测试值
0	0		
0	1		
1	0		
1	1		

3）根据测试结果是否满足 $Y = \overline{AB}$ 判断门电路的好坏。

习 题 七

7-1　填空题

1. 在数字电路中，逻辑变量和函数的取值有_____和_____两种可能。

2. 数字电路中工作信号的变化在时间和数值上都是_____。

3. 十进制数 28 用 8421BCD 码表示，应写为_____。

4. 基本逻辑门电路有_____、_____和_____三种。

5. 若要对 50 个对象进行编码，则要求编码器的输出二进制代码位数是_____位。

6. 二进制译码器的输入端有 4 个，则输出端有_____个。

7. 当 74LS138 的输入端 $G_1 = 1$，$G_{2A} = G_{2B} = 0$，$A_2A_1A_0 = 101$ 时，输出端_____为零。

7-2　完成下列转换：

$(234)_{10} = (\quad)_{16} = (\quad)_{BCD}$

$(110111)_2 = (\quad)_{10} = (\quad)_{16}$

$(4A7)_{16} = (\quad)_2 = (\quad)_{10}$

7-3　有一个数码为 100100101001，作为二进制数或 8421 码时，其相应的十进制数各为多少？

7-4　利用真值表证明下列等式。

(1) $A\overline{B} + \overline{A}B = (\overline{A} + \overline{B})(A + B)$

(2) $A\overline{B} + B\overline{C} + C\overline{A} = \overline{A}B + \overline{B}C + \overline{C}A$

7-5　将下列逻辑函数化简。

(1) $Y = \overline{A}\,\overline{B}C + \overline{A}BC + AB\overline{C} + ABC$

(2) $Y = \overline{A} + \overline{B} + \overline{C} + ABC$

7-6　写出图 7-47 所示两图的逻辑表达式。

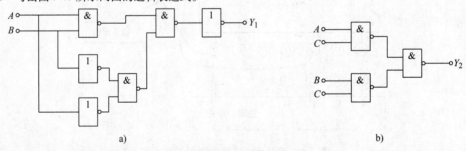

a)　　　　　　　　　　　　　　b)

图 7-47　习题 7-6 图

7-7　写出表 7-27 所示真值表中各函数的逻辑表达式，并将各函数化简后用与非门画出逻辑图。

表 7-27　习题 7-7 真值表

A	B	C	Y_1	Y_2	Y_3	Y_4
0	0	0	0	0	0	0
0	0	1	0	1	0	1
0	1	0	1	1	0	1
0	1	1	0	0	1	1
1	0	0	1	1	0	0
1	0	1	1	0	1	0
1	1	0	1	0	1	0
1	1	1	0	1	1	1

7-8　已知某组合电路的输入 A、B、C 和输出 Y 的波形如图 7-48 所示，试写出 Y 的最简与或表达式。

7-9　由与非门构成的某表决电路如图 7-49 所示。其中 A、B、C、D 表示 4 个人，$Y=1$ 时表示决议通过。

1）试分析电路，说明决议通过的情况有几种。

2）分析 A、B、C、D 四个人中，谁的权利最大。

7-10　分析图 7-50 所示组合逻辑电路的逻辑功能。

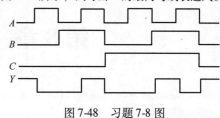

图 7-48　习题 7-8 图

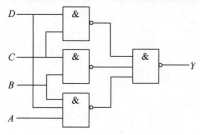

图 7-49　习题 7-9 图

7-11　用红、黄、绿三个指示灯表示三台设备的工作状况：绿灯亮表示设备全部正常，黄灯亮表示有一台设备不正常，红灯亮表示有两台设备不正常，红、黄灯都亮表示三台设备都不正常。试列出控制电路的真值表，并选用合适的门电路加以实现。

7-12　分别用与非门设计能实现下列功能的组合逻辑电路。

1）4 变量多数表决电路（4 个变量中有 3 个或 4 个变量为 1 时输出为 1）。

2）4 变量判偶电路（4 个变量中 1 的个数为偶数时输出为 1）。

7-13　由译码器 74LS138 和门电路组成的电路如图 7-51 所示，试写出 L_1、L_2 的最简表达式。

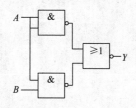

图 7-50　习题 7-10 图

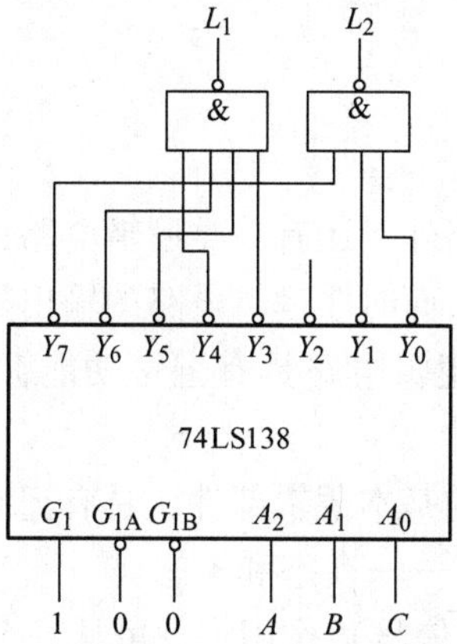

图 7-51　习题 7-13 图

第8章 时序逻辑电路

◇了解时序逻辑电路的基本概念和特点。
◇掌握几种常用触发器的基本结构、工作原理和逻辑功能。
◇了解寄存器的工作原理。
◇掌握集成计数器的逻辑功能。
◇熟悉555定时器的使用方法。

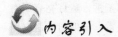

在生活中我们经常看到许多数字显示屏,如篮球计分器、倒计时显示牌(见图8-1)等,这些显示屏的工作要用到我们接下来学习的时序逻辑电路。

图8-1 篮球计分器与奥运会倒计时显示牌

8.1 触发器

数字电路中,除组合逻辑电路外,还有一类逻辑电路,就是时序逻辑电路。组合逻辑电路的输出只与该时刻的输入有关,而时序逻辑电路的输出除了与该时刻的输入有关外,还与电路前一时刻的输出有关。时序逻辑电路具有记忆功能,这类电路一般由门电路和触发器组成。

触发器是构成时序逻辑电路的基本逻辑部件,具有记忆(存储)功能,它有以下特点:

1)有两个稳定状态(稳态)——0态和1态。

2)在适当的输入信号(触发信号)作用下,可从一个稳态转变到另一个稳态,并在输入信号消失后,保持更新后的状态。

触发器按有无时钟脉冲分为基本触发器、时钟触发器;按逻辑功能不同分为RS触发器、JK 触发器、D 触发器、T 触发器等。

8.1.1　RS 触发器

1. 基本 RS 触发器

（1）电路组成　基本 RS 触发器由 G_1 和 G_2 两个与非门交叉连接组成。基本 RS 触发器的逻辑电路及逻辑符号如图 8-2 所示，图中输入端小圆圈表示低电平触发。

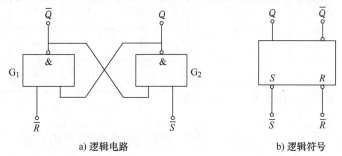

| a) 逻辑电路 | b) 逻辑符号 |

图 8-2　基本 RS 触发器的逻辑电路及逻辑符号

触发器有两个输入端 $\bar{R}$ 和 $\bar{S}$，$\bar{R}$ 和 $\bar{S}$ 上面的 "－"（非）号，表示触发器输入信号低电平有效。触发器有两个输出端 Q 和 $\bar{Q}$。在正常情况下，这两个输出端总是逻辑互补的，一个为 0 时，另一个为 1。当 $Q=1$、$\bar{Q}=0$ 时，称触发器状态为 1 状态；当 $Q=0$、$\bar{Q}=1$ 时，称触发器状态为 0 状态。

（2）逻辑功能

① $\bar{R}=0$，$\bar{S}=1$。此时门 G_1 因输入端有 0，$\bar{Q}=1$；门 G_2 的两个输入端全是 1，$Q=0$。触发器状态为 0 状态。

② $\bar{S}=0$，$\bar{R}=1$。此时门 G_2 因输入端有 0，$Q=1$；门 G_1 的两个输入端全是 1，$\bar{Q}=0$。触发器状态为 1 状态。

③ $\bar{R}=\bar{S}=1$。假设触发器原来处于 0 状态，因为 $Q=0$，门 G_1 输入端有 0，则 $\bar{Q}$ 输出为 1；而门 G_2 输入端全为 1，使得门 G_2 输出为 0，触发器的状态为 0，保持原状态不变。若触发器原来处于 1 状态，因为 $\bar{Q}=0$，门 G_2 输入端有 0，则 Q 输出为 1；门 G_1 输入端全为 1，使得门 G_1 输出为 0，触发器的状态为 1，保持原状态不变。

由以上分析可以看出，$\bar{R}=\bar{S}=1$ 时触发器状态保持原状态不变。这也说明基本 RS 触发器具有记忆功能。

④ $\bar{S}=0$、$\bar{R}=0$。由于门 G_1、G_2 的输入为 0，$Q=\bar{Q}=1$，破坏了 Q 和 $\bar{Q}$ 的逻辑互补性，当两个输入信号同时消失后，触发器的状态将是不确定的，这种情况应在使用中禁止出现。

可以看出，基本 RS 触发器有两个稳态（0 状态和 1 状态），所谓稳态是指 0 状态或 1 状态出现以后，即使撤销输入，触发器输出状态也不变，除非有新的输入引起输出的变化。

（3）真值表　基本 RS 触发器的真值表见表 8-1，表 8-2 是它的简化真值表。表中 Q^n 表示触发器现在的状态（称为现态）；Q^{n+1} 表示触发器在输入信号和现有输出状态的情况下电路将要出现的新的状态（称为次态）。

当 $\bar{R}$ 端加低电平信号时，触发器为 0 态（$Q=0$），所以将 $\bar{R}$ 端称为置 0 端或复位端。当 $\bar{S}$ 端加低电平信号时，触发器为 1 态（$Q=1$），所以将 $\bar{S}$ 端称为置 1 端或置位端。触发器在外加信号的作用下，状态发生了转换，称为翻转，外加的信号称为触发脉冲。

表 8-1　基本 RS 触发器的真值表

$\bar{S}$	$\bar{R}$	Q^n	Q^{n+1}
0	0	0	×
0	0	1	×
0	1	0	1
0	1	1	1
1	0	0	0
1	0	1	0
1	1	0	0
1	1	1	1

注："×"表示 $\bar{R}$、$\bar{S}$ 的输入同时消失为 0 后，触发器的状态不定。

表 8-2　基本 RS 触发器的简化真值表

$\bar{S}$	$\bar{R}$	Q^{n+1}	功能说明
0	0	×	不定
0	1	1	置1
1	0	0	置0
1	1	Q^n	保持

（4）状态方程　状态方程以表达式的形式描述触发器的逻辑功能，可由真值表得到。基本 RS 触发器的状态方程为

$$\begin{cases} Q^{n+1} = \bar{\bar{S}} + \bar{R}Q^n \\ \bar{R} + \bar{S} = 1 \end{cases}$$

其中 $\bar{R} + \bar{S} = 1$ 为约束条件，表示 $\bar{S}$、$\bar{R}$ 不能同时为 0，是为了避免触发器出现不确定状态而给输入信号规定的限制条件。

基本 RS 触发器主要用于消除机械开关触点抖动对电路的干扰。如果开关按下后触发器形成输出，对于触发器来说即使撤销输入，触发器输出状态仍然不变，所以，尽管机械触点在抖动，触发器的输出状态保持不变，有效防止了干扰。

2. 同步 RS 触发器

基本 RS 触发器的动作特点是当输入端的置 0 或置 1 信号出现时，输出状态就可能随之发生变化，触发器状态的转换没有统一的节拍。这不仅使电路的抗干扰能力下降，而且也不便于多个触发器同步工作。为此，必须引入同步信号，使这些触发器只有在同步信号到达时才按输入信号改变它的输出状态。同步信号又称时钟信号，用 C（或 CP）表示，受时钟控制的触发器称为同步触发器。同步 RS 触发器有两种类型的输入信号：一种是决定其输出状态的信号；另一种是决定同步 RS 触发器何时动作的时钟脉冲信号。

（1）电路组成　图 8-3 所示为同步 RS 触发器的逻辑电路和逻辑符号。可以看出：同步 RS 触发器由基本 RS 触发器和用来引入 R、S 信号及时钟 CP 信号的两个与非门构成，R、S、CP 输入端均无小圆圈，表示高电平触发。

（2）逻辑功能　同步 RS 触发器的动作是由时钟脉冲 CP 控制的。由图 8-3 所示电路可知，在 CP = 0 期间，因 $\bar{R} = \bar{S} = 1$，触发器状态保持不变。在 CP = 1 期间，R 和 S 端信号经与非门取反后输入到触发器的 $\bar{R}$、$\bar{S}$ 端，其输入与输出的关系为：

① 当 R = S = 0 时，触发器保持原来状态不变。

② 当 R = 1、S = 0 时，触发器被置为 0 状态。

③ 当 R = 0、S = 1 时，触发器被置为 1 状态。

④ 当 R = S = 1 时，触发器的输出 $Q = \bar{Q} = 1$，当 R 和 S 同时返回 0（或 CP 从 1 变为 0）时，触发器将处于不定状态，这种情况应该避免。

（3）真值表　根据以上分析，可以列出触发器的状态转换真值表，见表 8-3。

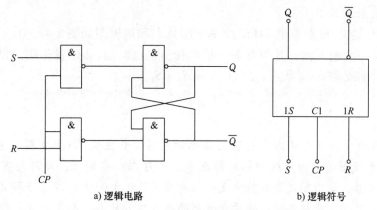

a) 逻辑电路　　　　　　　　b) 逻辑符号

图 8-3　同步 RS 触发器的逻辑电路和逻辑符号

表 8-3　同步 RS 触发器的状态转换真值表

CP	S	R	Q^{n+1}	功能
0	×	×	Q^n	保持
1	0	0	Q^n	保持
1	0	1	0	置0
1	1	0	1	置1
1	1	1	×	不定

注："×"表示 CP 回到低电平后触发器的状态不定。

（4）状态方程　同步 RS 触发器的状态方程为

$$\begin{cases} Q^{n+1} = S + \overline{R}Q^n & CP = 1 \\ RS = 0 \end{cases}$$

这个状态方程反映了在 CP 作用下，同步 RS 触发器的次态 Q^{n+1} 和输入 R、S 及现态 Q^n 之间的关系，同时给出了约束条件。

同步 RS 触发器的特点是在 $CP=1$ 的全部时间里，R 和 S 的变化均将引起触发器输出端状态的改变。由此可见，在 $CP=1$ 期间，输入信号的多次变化，都会引起触发器也随之发生多次变化，这种现象称为空翻。空翻会造成逻辑上的混乱，使电路无法正常工作。为了克服这一缺点，常采用功能更完善的 JK 触发器或 D 触发器。

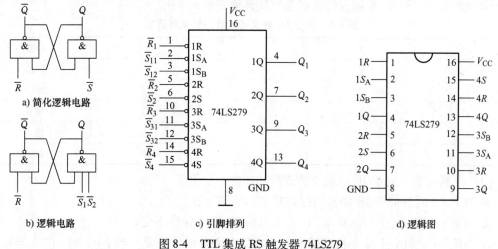

a) 简化逻辑电路　　　　b) 逻辑电路　　　　c) 引脚排列　　　　d) 逻辑图

图 8-4　TTL 集成 RS 触发器 74LS279

3. 集成 RS 触发器

常用的 TTL 集成 RS 触发器 74LS279 的引脚排列和逻辑图如图 8-4c、d 所示，芯片内部集成了 4 个基本 RS 触发器。其中有 2 个基本 RS 触发器，有 2 个置位端，如图 8-4b 所示。简化后的逻辑电路如图 8-4a 所示，图中，$\overline{S} = \overline{S_A} \cdot \overline{S_B}$。

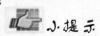

小提示

同步 RS 触发器可以构成多功能的其他触发器，如主从 RS 触发器、主从 JK 触发器、主从 D 触发器等，由于这些触发器或多或少存在一些缺点，目前大多采用性能优良的边沿触发器。边沿触发器的特点是：只有当 CP 处于某个边沿（下降沿或上升沿）的瞬间，触发器的输出状态才取决于此时刻的输入信号状态，而其他时刻触发器均保持原来状态，这就避免了其他时间干扰信号对触发器的影响，因此此类触发器的抗干扰能力最强。

8.1.2 JK 触发器

1. 同步 JK 触发器

（1）逻辑符号　同步 JK 触发器的逻辑电路和逻辑符号如图 8-5 所示。

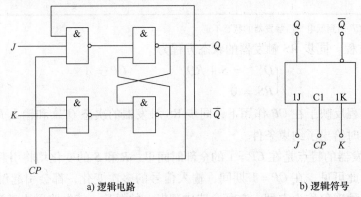

a) 逻辑电路　　　　　　　　　　　　　　　b) 逻辑符号

图 8-5　同步 JK 触发器的逻辑电路和逻辑符号

（2）真值表　同步 JK 触发器的状态转换真值表见表 8-4。

表 8-4　同步 JK 触发器的状态转换真值表

CP	J	K	Q^{n+1}	功能
0	×	×	Q^n	保持
1	0	0	Q^n	保持
1	0	1	0	置0
1	1	0	1	置1
1	1	1	$\overline{Q^n}$	翻转

（3）逻辑功能　同步 JK 触发器的逻辑功能为：

① $CP = 0$ 时，同步 JK 触发器保持原来的状态不变。

② $CP = 1$ 期间，$J = K = 0$ 时，Q^{n+1} 为原状态 Q^n，保持不变。

③ $CP = 1$ 期间，J 与 K 状态相反时，Q^{n+1} 的状态与 J 有关。当 $J = 1$ 时，$Q^{n+1} = 1$；当

$J = 0$ 时，$Q^{n+1} = 0$。

④　$CP = 1$ 期间，$J = K = 1$ 时，Q^{n+1} 与原状态 Q^n 相反，即 $Q^n = 0$ 时 $Q^{n+1} = 1$，$Q^n = 1$ 时 $Q^{n+1} = 0$。

（4）状态方程

由同步 JK 触发器的状态转换真值表可得出同步 JK 触发器的逻辑函数表达式为

$$Q^{n+1} = J\overline{Q^n} + \overline{K}Q^n \qquad CP = 1$$

该逻辑函数表达式即同步 JK 触发器的状态方程。

2. 边沿 JK 触发器

实际工作中常用边沿触发器。边沿触发器是指靠 CP 脉冲上升沿（或下降沿）进行触发的触发器。在 CP 脉冲上升沿触发的触发器称为正边沿触发器，在 CP 脉冲下降沿触发的触发器称为负边沿触发器。边沿触发器的工作特点是触发器只在时钟脉冲 CP 的上升沿（或下降沿）工作，其他时刻触发器处于保持状态。

（1）逻辑符号　边沿 JK 触发器的逻辑符号如图 8-6 所示。图中时钟输入端的小三角表示边沿触发方式，输入端的小圆圈表示下降沿触发。$\overline{S}_d$、$\overline{R}_d$ 为异步直接置 1 和直接置 0 端。当 $\overline{S}_d = 0$，$\overline{R}_d = 1$ 时，触发器输出为 1；当 $\overline{R}_d = 0$，$\overline{S}_d = 1$ 时，触发器输出为 0；当 $\overline{S}_d = \overline{R}_d = 1$ 时，触发器按 JK 方式正常工作。

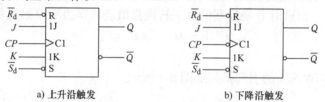

a) 上升沿触发　　　　　　　b) 下降沿触发

图 8-6　边沿 JK 触发器的逻辑符号

（2）真值表　边沿（下降沿）JK 触发器的状态转换真值表见表 8-5。

表 8-5　边沿（下降沿）JK 触发器的状态转换真值表

$\overline{R}_d$	$\overline{S}_d$	CP	J	K	Q^{n+1}	功能
0	0	×	×	×	不用	不允许
0	1	×	×	×	0	异步置 0
1	0	×	×	×	1	异步置 1
1	1	↓	0	0	Q^n	保持
1	1	↓	0	1	0	置 0
1	1	↓	1	0	1	置 1
1	1	↓	1	1	$\overline{Q^n}$	翻转

（3）状态方程　从表 8-5 可以看出，边沿 JK 触发器与同步 JK 触发器的区别在于前者在边沿触发。边沿 JK 触发器的状态方程与同步 JK 触发器类似，即

$$Q^{n+1} = J\overline{Q^n} + \overline{K}Q^n \qquad CP = \downarrow$$

3. 集成 JK 触发器

常用的集成 JK 触发器 74LS112 的引脚排列如图 8-7 所示。它是双 JK 边沿触发器，内部包含两个 JK 边沿触发器。74LS112 的状态转换真值表见表 8-5。

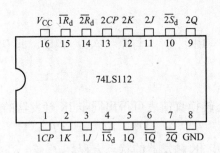

图 8-7　74LS112 的引脚排列

8.1.3　D 触发器

1. 边沿 D 触发器

（1）逻辑符号　边沿 D 触发器的逻辑符号如图 8-8 所示，它只有一个输入端 D。

（2）真值表　边沿（上升沿）D 触发器的状态转换真值表见表 8-6。

表 8-6　边沿（上升沿）D 触发器的状态转换真值表

CP	D	Q^{n+1}	说　明
↑	0	0	置 0
↑	1	1	置 1

（3）状态方程　由边沿 D 触发器的状态转换真值表可得边沿 D 触发器的状态方程为

$$Q^{n+1} = D \qquad CP = \uparrow$$

2. 集成 D 触发器

集成 D 触发器 74LS74 的引脚排列如图 8-9 所示。

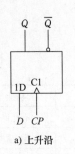

a) 上升沿

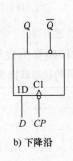

b) 下降沿

图 8-8　边沿 D 触发器的逻辑符号

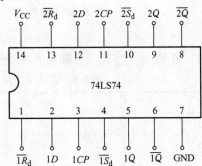

图 8-9　74LS74 的引脚排列

74LS74 的状态转换真值表见表 8-7。

表 8-7　74LS74 的状态转换真值表

$\overline{R_d}$	$\overline{S_d}$	CP	D	Q^{n+1}	功能说明
0	0	×	×	不用	不允许
0	1	×	×	0	异步置 0
1	0	×	×	1	异步置 1
1	1	↑	0	0	置 0
1	1	↑	1	1	置 1

　　由状态转换真值表可以看出，74LS74 是 CP 上升沿触发的边沿触发器，$\overline{R}_\mathrm{d} = 0$，$\overline{S}_\mathrm{d} = 1$ 时置 0；$\overline{R}_\mathrm{d} = 1$，$\overline{S}_\mathrm{d} = 0$ 置 1。

　　图 8-10 是利用 74LS74 构成的单按钮电子转换开关，该电路只利用一个按钮即可实现电路的接通和断开。电路中，74LS74 的 D 端和 $\overline{Q}$ 端连接，这样有 $Q^{n+1} = \overline{Q}^n$，则每按一次按钮 SB，相当于为触发器提供一个时钟脉冲，触发器状态翻转一次。Q 端经晶体管 VT 驱动继电器 KA，利用 KA 的触点转换即可通断其他电路。

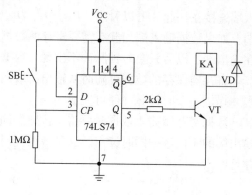

图 8-10　利用 D 触发器构成的电子转换开关

触发器的应用—抢答器电路

　　抢答器电路如图 8-11 所示。74LS175 是集成 4D 触发器，芯片内部有 4 个 D 触发器，4 个触发器共用一个清零端 R。

　　开始抢答之前，主持人先清零，集成触发器 74LS175 的四个输出均为 0，抢答指示灯全暗，同时晶体管基极为低电平，晶体管截止，蜂鸣器不发出声音。

　　开始抢答，以 A 先抢答为例来说明工作过程。A 先按下抢答键，$1D = 1$，则 $1Q = 1$，对应抢答指示灯亮；同时 $\overline{1Q} = 0$，四输入与门输出 0，产生两个结果：其一，非门输出 1，晶体管基极为高电平，晶体管导通，蜂鸣器响，告诉大家有人抢答；其二，二输入与门输出 0，使时钟脉冲 CP 为 0，此时其他选手再按抢答键也无效，封锁其他选手。

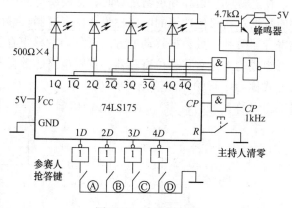

图 8-11　抢答器电路

　　作答完毕，主持人将再次清零，准备下次抢答。

8.2　寄存器

　　在数字电路中，用来存放二进制数据或代码的电路称为寄存器。数字系统中需要处理的数据都要用寄存器存储起来，以便随时取用。寄存器由具有存储功能的触发器组成，一个触发器可以存储 1 位二进制数，欲存放 n 位二进制数则需要由 n 个触发器共同组成。

　　寄存器按功能可以分为数据寄存器和移位寄存器。

8.2.1　数据寄存器

　　图 8-12 是由 D 触发器组成的 4 位数据寄存器，D 触发器为上升沿触发，4 个时钟脉冲输

入端连接在一起。可以看出，D_0、D_1、D_2、D_3 是数据输入端，Q_0、Q_1、Q_2、Q_3 是数据输出端。如果数据输入端加载有需要寄存的数据，在时钟脉冲的上升沿到来时输入的数据将出现在输出端。以后只要时钟脉冲不出现，数据将一直保持不变。

寄存器保存的数据可随时从输出端取用。需要寄存新的数据时，将新的数据加载在输入端并提供一个时钟脉冲便可完成。

数据寄存器输入数据时要将 4 位数据同时加载到输入端，读取数据寄存器数据时也要将输出端的 4 位数据同时读出。这种数据同时输入、同时输出的数据处理方式称为并行输入、并行输出。

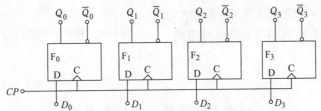

图 8-12　D 触发器组成的 4 位数据寄存器

8.2.2　移位寄存器

在进行算术运算和逻辑运算时，常需要将某些数据向左或向右移位，这种具有存放数据并使数据左右移位功能的电路称为移位寄存器。移位寄存器可分为单向移位寄存器和双向移位寄存器两种，按数据移动的方向可分为右移寄存器和左移寄存器。图 8-13 所示是由 D 触发器组成的 4 位右移移位寄存器，逻辑电路的数据只能由输入端 D_i 一位一位输入，这种输入方式称为串行输入。输出端为 Q_0、Q_1、Q_2、Q_3，数据输出时既可以 Q_0、Q_1、Q_2、Q_3 同时输出（称为并行输出），也可以由 Q_3 端一位一位输出（称为串行输出）。

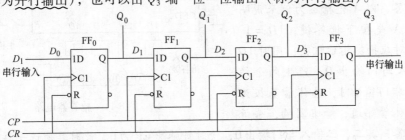

图 8-13　D 触发器组成的 4 位右移移位寄存器

假设电路的初始状态 $Q_3Q_2Q_1Q_0$ 为 0000，从 D_i 输入的数据为 1011。根据 D 触发器的工作特点，在时钟脉冲的作用下，电路工作过程如下：

① 第一个 CP 上升沿到来时触发器同时翻转，输出端 $Q_3Q_2Q_1Q_0$ 的状态为 0001。

② 第二个 CP 上升沿到来时触发器同时翻转，输出端 $Q_3Q_2Q_1Q_0$ 的状态为 0010。

③ 第三个 CP 上升沿到来时触发器同时翻转，输出端 $Q_3Q_2Q_1Q_0$ 的状态为 0101。

④ 第四个 CP 上升沿到来时触发器同时翻转，输出端 $Q_3Q_2Q_1Q_0$ 的状态为 1011。

四个脉冲过后，移位寄存器的输出端为 1011。此时如果要并行输出，只需将数据从输出端 $Q_3Q_2Q_1Q_0$ 将数据取走。如果需要串行输出，则要再输入四个脉冲，数据将一位一位从 Q_3 输出。4 位右移移位寄存器的状态表见表 8-8，通过状态转换真值表可以清楚了解数据移位的过程。

表 8-8　4 位右移移位寄存器的状态转换真值表

时钟	输入	现态				次态			
CP	D	Q_0^n	Q_1^n	Q_2^n	Q_3^n	Q_0^{n+1}	Q_1^{n+1}	Q_2^{n+1}	Q_3^{n+1}
↑	1	0	0	0	0	1	0	0	0
↑	0	1	0	0	0	0	1	0	0
↑	1	0	1	0	0	1	0	1	0
↑	1	0	1	0	1	1	1	0	1

8.2.3　集成双向移位寄存器

　　在电子计算机运算系统中，常需要寄存器中的数据既能左移、又能右移，具有双向移位功能的寄存器称为双向移位寄存器。

　　图 8-14 为 4 位双向移位寄存器 74LS194 的逻辑符号及外围引脚。图中 $\overline{CR}$ 为清零端，$D_3 \sim D_0$ 为并行数据输入端，$Q_3 \sim Q_0$ 为并行数据输出端；D_{SR} 为右移串行数据输入端，D_{SL} 为左移串行数据输入端。可见，数据的输入和输出均有串行和并行两种方式。M_1 和 M_0 为工作方式控制端，M_1M_0 的四种取值（00、01、10、11）决定了寄存器的逻辑功能：保持、右移、左移和数据并行输入。

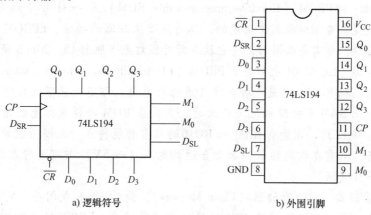

a) 逻辑符号　　　　　b) 外围引脚

图 8-14　双向移位寄存器 74LS194

74LS194 真值表见表 8-9。

表 8-9　74LS194 真值表

$\overline{CR}$	M_1	M_0	CP	功能
0	×	×	×	清0
1	0	0	×	保持
1	0	1	↑	右移
1	1	0	↑	左移
1	1	1	↑	数据并行输入

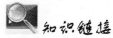知识链接

半导体存储器

　　半导体存储器（Semi-Conductor Memory）是一种以半导体电路作为存储媒体的存储器，

它将信息存储在触发器或集成电路内部的电容器中。

　　根据其存储数据的方式不同，可分为随机存储器（RAM）和只读存储器（ROM）两大类。RAM（随机存储器）可分为 SRAM（静态 RAM）和 DRAM（动态 RAM）两种：SRAM 将信息存储在触发器中，是能够长期保留数据的存储器（只要不断开电源）；而 DRAM 将信息存储在电容器中，电容器最终会失去电荷，故必须进行周期性的更新（Refresh）。

　　ROM（只读存储器）是一种以永久或半永久形式被预写的存储器，它们不是在正常工作期间被写入的。ROM 的内容一旦写入，就无法再将它改变或删除，它是非易失的，根据不同的写入方式分成以下几种。

　　（1）掩膜 ROM　掩膜 ROM 存储的信息是由生产厂家根据用户的要求，在生产过程中采用掩膜工艺（即光刻图形技术）一次性直接写入的。掩膜 ROM 一旦制成后，其内容不能再改写，因此它只适合于存储永久性保存的程序和数据。

　　（2）PROM　PROM（Programmable ROM）为一次编程 ROM。它的编程逻辑器件靠存储单元中熔丝的断开与接通来表示存储的信息。当熔丝被烧断时，表示信息"0"；当熔丝接通时，表示信息"1"。由于存储单元的熔丝一旦被烧断就不能恢复，因此 PROM 存储的信息只能写入一次，不能擦除和改写。

　　（3）EPROM　EPROM（Erasable programmable ROM）是一种紫外线可擦除可编程 ROM。写入信息是在专用编程器上实现的，具有能多次改写的功能。EPROM 芯片的上方有一个石英玻璃窗口，当需要改写时，将它放在紫外线灯光下照射 $15 \sim 20\text{min}$ 便可擦除信息。

　　（4）EEPROM　EEPROM 也称为 E^2PROM（Electrically Erasable Programmable ROM），是一种电可擦除可编程 ROM。它是一种在线（或称在系统，即不用拔下来）可擦除可编程只读存储器。它能像 RAM 那样随机地进行改写，又能像 ROM 那样在掉电的情况下使所保存的信息不丢失，即 EEPROM 兼有 RAM 和 ROM 的双重功能特点。又因为它的改写不需要使用专用编程设备，只需在指定的引脚加上合适的电压（如 5V）即可进行在线擦除和改写，使用起来更加方便灵活。

　　（5）闪速存储器　闪速存储器（Flash Memory），简称 Flash 或闪存。它与 EEPROM 类似，也是一种电擦写型 ROM。它与 EEPROM 的主要区别是：EEPROM 是按字节擦写，速度慢；而闪存是按块擦写，速度快，一般在 $65 \sim 170\text{ns}$ 之间。Flash 是近年来发展非常快的一种新型半导体存储器。由于它具有在线电擦写、低功耗、大容量、擦写速度快的特点，同时，还具有与 DRAM 等同的低价位、低成本的优势，因此受到广大用户的青睐。目前，Flash 在微机系统、寻呼机系统、嵌入式系统和智能仪器仪表等领域得到了广泛的应用。

课堂练一练

1. 只用来存放数据，一般仅有接收、保持并清除原有数据等功能的寄存器是_____。
2. 数据寄存器主要由_____和_____组成。
3. 移位寄存器除具有存放数据的功能外，还具有_____的功能。

8.3　计数器

　　在数字电路中，能对输入脉冲个数计数的电路称为计数器。计数器不仅能用于计数，还可用于定时、分频和程序控制等。按 CP 脉冲输入方式的不同，可将计数器分为<u>同步计数器</u><u>和异步计数器</u>。如果组成计数器的若干个触发器受控于同一个 CP 脉冲，触发器将同时动作，这种计数器称为同步计数器。如果组成计数器的若干个触发器不是受控于同一个 CP 脉冲，触发器不同时动作，这种计数器称为异步计数器。组成异步计数器的触发器由于不是共用同一个 CP 脉冲，其中有的触发器将其他触发器的输出作为时钟脉冲。

计数器按计数长度分有二进制计数器、十进制计数器和 N 进制计数器；按计数方式分有加法计数器、减法计数器和可逆计数器。

8.3.1　集成同步加法计数器

图 8-15 是集成二进制同步加法计数器 74LS161 的逻辑符号和引脚排列。74LS161 的真值表见表 8-10。

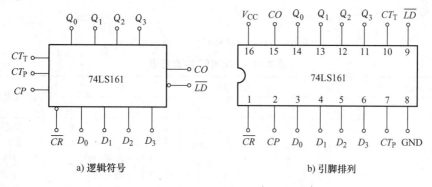

a) 逻辑符号　　　　　　　　　　b) 引脚排列

图 8-15　74LS161 的逻辑符号和引脚排列

表 8-10　74LS161 的真值表

清零	预置	使能		时钟	预置数据输入				输出				工作模式
$\overline{CR}$	$\overline{LD}$	CT_P	CT_T	CP	D_3	D_2	D_1	D_0	Q_3	Q_2	Q_1	Q_0	
0	×	×	×	×	×	×	×	×	0	0	0	0	异步清零
1	0	×	×	↑	d_3	d_2	d_1	d_0	d_3	d_2	d_1	d_0	同步置数
1	1	1	1	↑	×	×	×	×	计数				同步计数
1	1	0	×	×	×	×	×	×	保持				数据保持
1	1	×	0	0	×	×	×	×	保持				数据保持

由真值表可以看出 74LS161 的逻辑功能如下：

① 异步清零功能。当 $\overline{CR}=0$ 时，不管其他输入信号为何状态，计数器输出清零。由于清零与 CP 无关，所以称为异步清零。

② 同步置数功能。当 $\overline{CR}=1$、$\overline{LD}=0$ 时，在 CP 的上升沿，不管其他输入信号为何状态，将输入端 D_3、D_2、D_1、D_0 的数据传送给输出端，使 $Q_3Q_2Q_1Q_0=D_3D_2D_1D_0$。置数功能可以为计数器设置初始值。<u>所谓同步，是指置数与 CP 的上升沿同步</u>。

③ 数据保持功能。当 $\overline{CR}=1$、$\overline{LD}=1$、$CT_PCT_T=0$（即 CT_P 或 CT_T 中至少有一个为 0）时，无论 CP 状态如何，计数器处于保持状态，计数器的输出数据不变。

④ 同步计数功能。当 $\overline{CR}=1$、$\overline{LD}=1$、$CT_PCT_T=1$ 时，计数器处于计数状态。此时计数器对时钟脉冲进行同步二进制计数，输入端的数据无效。

输出端 $CO=CT_T\cdot Q_3Q_2Q_1Q_0$，当计数至 $Q_3Q_2Q_1Q_0=1111$，且 $CT_T=1$ 时输出端 $CO=1$，产生进位。

8.3.2 集成异步加法计数器

图 8-16 是集成异步二进制加法计数器 74LS197 的逻辑符号和引脚排列。74LS197 的真值表见表 8-11。

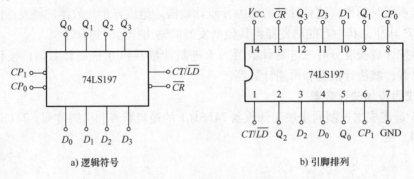

a) 逻辑符号　　　　　　　　b) 引脚排列

图 8-16　74LS197 的逻辑符号和引脚排列

表 8-11　74LS197 的真值表

清零 $\overline{CR}$	计数/预置 $CT/\overline{LD}$	时钟 CP_0	CP_1	预置数据输入 D_3	D_2	D_1	D_0	输出 Q_3	Q_2	Q_1	Q_0	工作模式
0	×	×	×	×	×	×	×	0	0	0	0	异步清零
1	0	×	×	d_3	d_2	d_1	d_0	d_3	d_2	d_1	d_0	异步置数
1	1	↓	Q_0	×	×	×	×	4 位二进制计数				异步计数
1	1	↓	↓	×	×	×	×	3 位二进制计数				异步计数
1	1	↓	×	×	×	×	×	1 位二进制计数				异步计数

74LS197 的逻辑功能如下：

① 异步清零功能。当 $\overline{CR}=0$ 时，不管时钟端 CP_0、CP_1 状态如何，都将计数器输出端清零。

② 计数/预置功能。当计数/预置端 $CT/\overline{LD}=0$ 时，不管时钟端 CP_0、CP_1 状态如何，将输入端 D_3、D_2、D_1、D_0 的数据传送给输出端。当计数/预置端 $CT/\overline{LD}=1$ 时，在时钟端 CP_0、CP_1 下降沿作用下进行计数操作。

③ 异步计数功能。当 $\overline{CR}=CT/\overline{LD}=1$ 时，可进行异步加法计数。若将输入时钟脉冲 CP 加在 CP_0 端，将 Q_0 与 CP_1 相连，则构成 4 位二进制即 16 进制异步加法计数器。若将输入时钟脉冲 CP 加在 CP_1 端，则构成 3 位二进制即 8 进制计数器，Q_0 可独立使用。如果只将输入时钟脉冲 CP 加在 CP_0 端，CP_1 接 0 或 1，则形成 1 位二进制计数器。

计数器的应用——分频器

分频器可以用来降低信号的频率，是数字系统中常用的电路，在通信、雷达和自动控制系统中被广泛应用。N 进制计数器可实现 N

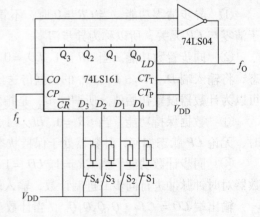

图 8-17　分频器电路

分频。

图 8-17 所示是由可预置数二进制计数器 74LS161 和 74LS04 组成的可编程序分频器。在 CP 脉冲作用下，74LS161 就加 "1"。当 $Q_1 = Q_2 = Q_3 = Q_4 = 1$ 时，CO 输出一个正脉冲，脉冲宽度等于一个时钟周期，在 LD 就有一个负脉冲，此时，74LS161 进入置数状态，在下一个时钟脉冲上升沿到达时，将数据输入端 D_0、D_1、D_2、D_3 置入内部触发器，完成置数功能，然后重复刚才的计数功能。这种可编程序分频电路的分频数 N 由输入端 D_0、D_1、D_2、D_3 的状态决定。例如图中 S_4 合上，$D_0 = D_1 = D_2 = 0$、$D_3 = 1$，得到的分频数为 7。

8.4 555 定时器

555 定时器是一种将模拟电路和数字电路结合在一起的中规模集成电路，电路功能灵活，应用范围广，只需外接少量元件，就可以组成各种功能电路。

8.4.1 555 定时器的结构

555 定时器的内部结构和引脚排列如图 8-18 所示。555 定时器内部有一个基本 RS 触发器、两个电压比较器、一个放电晶体管和一个分压电路，由电路可以看出，电压比较器 A_1 的基准电压为 $2V_{CC}/3$，电压比较器 A_2 的基准电压为 $V_{CC}/3$。

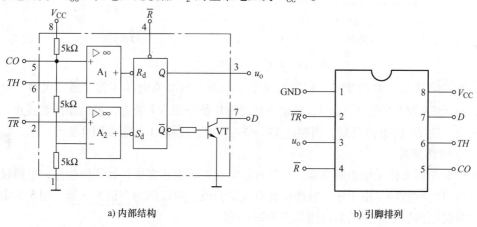

a) 内部结构　　　　　　　　　　b) 引脚排列

图 8-18　555 定时器的内部结构和引脚排列

555 定时器各引脚功能如下：

① GND 为接地端。

② $\overline{TR}$ 为低电平触发端。当其输入电压低于 $V_{CC}/3$ 时，A_2 的输出为 0，基本 RS 触发器输出 $Q = 1$，555 定时器输出端 $u_o = 1$。

③ 输出端 u_o。输出电流可达 200mA，可直接驱动发光二极管、指示灯等。

④ $\overline{R}$ 为复位端。当 $\overline{R} = 0$ 时，基本 RS 触发器直接清 0，输出 $u_o = 0$。

⑤ CO 为电压控制端。CO 外加控制电压可改变 A_1、A_2 的参考电压。

⑥ TH 为高电平触发端。当输入电压高于 $2V_{CC}/3$ 时，A_1 的输出为 0，基本 RS 触发器输出 $Q = 0$，555 定时器输出端 $u_o = 0$。

⑦ D 为放电端。当 $\overline{Q} = 1$ 时，晶体管 VT 导通，如果 D 端外接有电容，可通过 VT 放电。

⑧ V_{CC}为电源端。电源为 5 ~ 18V。

8.4.2 555 定时器的典型应用

只要在 555 定时器外部配上几个阻容元件，则可方便地构成单稳态触发器、多谐振荡器、施密特触发器。

1. 单稳态触发器

单稳态触发器是指触发器只有一个稳态，一般电路在外界作用下先进入暂态，经过一段时间后电路返回稳态。图 8-19 是由 555 定时器组成的单稳态触发器电路及波形图，其中 R、C 为外接电阻和电容，u_i 为输入信号。

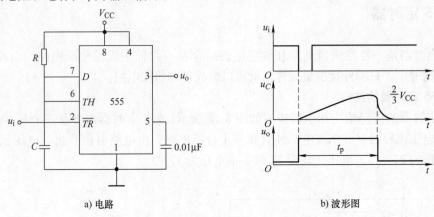

a) 电路   b) 波形图

图 8-19 单稳态触发器电路及波形图

当触发信号 u_i 为高电平时，触发器处于 0 稳态，内部放电晶体管导通。现给一负触发脉冲，由于 $\overline{TR}$ 脚电平低于 $V_{CC}/3$，则输出状态由 0 稳态变为 1 暂态，放电晶体管截止，电容开始充电，使 TH 脚电位升高、当超过 $2V_{CC}/3$ 时，触发器由 1 暂态变回 0 稳态。

2. 多谐振荡器

多谐振荡器又称无稳态触发器，它没有稳定状态，也不需要外加任何信号，电路接通后电路将输出矩形脉冲。由于矩形脉冲中含有大量谐波，所以称为多谐振荡器。用 555 定时器构成的多谐振荡器电路及其波形图如图 8-20 所示。

接通电源，电容充电，u_C 升高，当升至 $2V_{CC}/3$ 时输出由 1 变为 0 态，此时内部放电晶体管导通，电容通过放电晶体管放电，u_C 下降；当电压降低至 $V_{CC}/3$ 时，输出由 0 态变为 1，放电晶体管截止，电容又开始充电，产生脉冲信号。

3. 施密特触发器

由 555 定时器组成的施密特触发器电路及其波形图如图 8-21 所示。可以看出，将定时器的 TH 端（引脚6）和 $\overline{TR}$ 端（引脚2）连接起来作为信号输入端 u_i 便构成施密特触发器。555 定时器中晶体管 VT 的集电极（引脚7）通过电阻 R 接电源 V_{CC1}，并将晶体管的集电极（D 端）引出作为输出端 u_{o1}，其高电平通过改变 V_{CC1} 可以进行调节。定时器 CO 端（引脚5）可以外接电压 u_{CO}，用于改变比较电压，调节回差。

当输入电压高过 $2V_{CC}/3$ 时，触发器由 1 态变为 0 态，当输入电压低于 $V_{CC}/3$ 时，触发器由 0 态变为 1 态。$2V_{CC}/3$ 称为上限阈值电压 U_{T+}，$V_{CC}/3$ 称为下限阈值电压 U_{T-}，U_{T+}-U_{T-} 称为回差电压。施密特触发器可将正弦波、三角波变换为矩形波，还可对输入的随机脉冲的幅

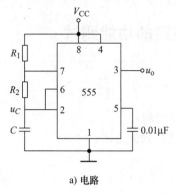

a) 电路

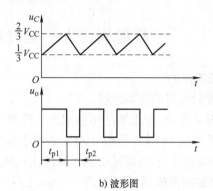

b) 波形图

图 8-20　多谐振荡器电路及其波形图

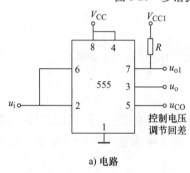

a) 电路

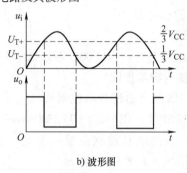

b) 波形图

图 8-21　施密特触发器电路及其波形图

度进行鉴别。

 知识链接

555 的应用——触摸延时开关电路图

图 8-22 所示电路是一片 NE555 定时电路，在这里接成单稳态电路。平时由于触摸片 P 端无感应电压，电容 C_1 通过 NE555 第 7 脚放电完毕，第 3 脚输出为低电平，继电器 KS 释放，电灯不亮。

当需要开灯时，用手触碰一下金属片 P，人体感应的杂波信号电压由 C_2 加至 NE555 的触发端，使 NE555 的输出由低电平变成高电平，继电器 KS 吸合，电灯点亮。同时，NE555 第 7 脚内部截止，电源便通过 R_1 给 C_1 充电，这就是定时的开始。

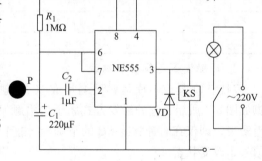

图 8-22　NE555 定时电路

当电容 C_1 上电压上升至电源电压的 2/3 时，NE555 第 7 脚导通，使 C_1 放电，使第 3 脚输出由高电平变回低电平，继电器释放，电灯熄灭，定时结束。

定时长短由 R_1、C_1 决定：$T_1 = 1.1 R_1 C_1$。按图中所标数值，定时时间约为 4min。VD 可选用 1N4148 或 1N4001。

技能训练九　触发器电路的功能测试

一、训练目的

1. 掌握触发器的基本性质。

2. 掌握基本 RS 触发器的电路组成、性能和工作原理。

3. 掌握集成 JK 触发器和 D 触发器的逻辑功能及其测试方法。

4. 了解触发器不同逻辑功能之间的相互转换。

二、训练所用仪器与设备

1. 数字电子技术技能训练箱	1 套
2. 直流稳压电源	1 台
3. 万用表	1 台
4. 集成电路芯片：74LS00、74LS02、74LS74、74LS112、74LS04	各 1 块

三、训练内容与步骤

1. 基本 RS 触发器逻辑功能测试

按图 8-23 接线，用与非门 74LS00 构成一个基本 RS 触发器。触发器的输入端 $\bar{R}$、$\bar{S}$ 分别接逻辑开关，输出端 Q 接状态显示发光二极管。改变输入端 $\bar{R}$、$\bar{S}$ 的取值，记录相应的结果，并将结果填入表 8-12 中。

表 8-12　基本 RS 触发器功能测试表

$\bar{R}$	$\bar{S}$	Q^n	Q^{n+1}
0	0	0	
0	0	1	
0	1	0	
0	1	1	
1	0	0	
1	0	1	
1	1	0	
1	1	1	

2. JK 触发器逻辑功能测试

74LS112 集成芯片是典型的集成双 JK 触发器，其引脚如图 8-7 所示，它的触发方式属于边沿触发方式的下降沿触发，即仅在时钟脉冲 CP 的下降沿才能接受控制输入信号，改变状态。

1）复位和置位功能测试。将 JK 触发器的 $\bar{R}_d$ 和 $\bar{S}_d$ 分别接到两个逻辑开关上，输出端 Q 和 $\bar{Q}$ 分别接到两个状态显示发光二极管上，CP 端及 J、K 端均为任意状态，改变 $\bar{R}_d$ 和 $\bar{S}_d$ 输入端的取值，观测输出端 Q、$\bar{Q}$ 的状态，记录结果填入表 8-13 中。

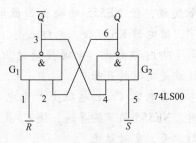

图 8-23　与非门构成的基本 RS 触发器

表 8-13 异步复位和置位功能表

CP	J	K	$\overline{R_d}$	$\overline{S_d}$	$\overline{Q^{n+1}}$	Q^{n+1}
×	×	×	0	0		
×	×	×	0	1		
×	×	×	1	0		
×	×	×	1	1		

2）逻辑功能测试。按图 8-24 接线，将集成芯片 74LS112 中任意一组 JK 触发器的 $\overline{R_d}$ 和 $\overline{S_d}$ 均接高电平 1，CP 端接单次脉冲，J、K 分别接逻辑开关，输出 Q 接状态显示发光二极管，V_{CC} 和 GND 分别接 5V 电源的正极和负极。改变输入端 J、K 的取值，在 CP 脉冲作用下进行 JK 触发器功能测试，将结果填入表 8-14 中。

表 8-14 JK 触发器功能测试表

输	入			输出
CP	J	K	Q^n	Q^{n+1}
↓	0	0	0	
↓	0	0	1	
↓	0	1	0	
↓	0	1	1	
↓	1	0	0	
↓	1	0	1	
↓	1	1	0	
↓	1	1	1	

3. D 触发器逻辑功能测试

74LS74 集成芯片为典型的双 D 触发器。它属于上升沿触发的边沿触发器，其引脚排列如图 8-9 所示。电路按图 8-25 接线，将 74LS74 其中一组触发器的复位端 $\overline{R_d}$ 和置位端 $\overline{S_d}$ 及输入端 D 分别接到逻辑开关上，CP 端接单次输出端，输出 Q 接发光二极管，V_{CC} 和 GND 分别接电源正极和负极。

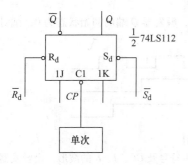

图 8-24 JK 触发器训练电路图

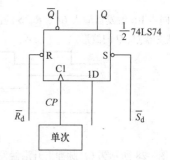

图 8-25 D 触发器训练电路图

测试 Q^{n+1} 的输出端逻辑状态，并将结果填入表 8-15 中。

表 8-15　集成边沿 D 触发器 74LS74 功能测试表

CP	$\overline{R}_d$	$\overline{S}_d$	D	Q^n	Q^{n+1}
×	0	1	×	×	
×	1	0	×	×	
↑	1	1	0	0	
↑	1	1	0	1	
↑	1	1	1	0	
↑	1	1	1	1	

习 题 八

8-1　填空题

1. 触发器有____个稳态，存储 8 位二进制信息要____个触发器。

2. 一个基本 RS 触发器在正常工作时，它的约束条件是 $\overline{R} + \overline{S} = 1$，即它不允许输入 $\overline{S}$ = _____，且 $\overline{R}$ = _____ 的信号。

3. 触发器有两个互补的输出端 Q、$\overline{Q}$，定义触发器的 1 状态为_____，0 状态为_____，可见触发器的状态指的是_____端的状态。

4. 一个基本 RS 触发器在正常工作时，不允许输入 $R = S = 1$ 的信号，因此它的约束条件是_____。

5. RS 触发器具有_____、_____ 和_____ 等逻辑功能；D 触发器具有_____ 和_____ 等逻辑功能；JK 触发器具有_____、_____、_____和_____ 等逻辑功能。

6. 时序逻辑电路按照其触发器是否有统一的时钟控制分为_____时序电路和_____时序电路。

7. 寄存器按照功能不同可分为两类：_____寄存器和_____寄存器。

8. 数字电路按照是否有记忆功能通常可分为两类：_____、_____。

9. 欲使 JK 触发器按 $Q^{n+1} = Q^n$ 工作，可使 JK 触发器的输入端 J = _____，K = _____。

10. 欲使 D 触发器按 $Q^{n+1} = \overline{Q}^n$ 工作，应使输入 D = _____。

8-2　基本 RS 触发器输入端 $\overline{R}$ 和 $\overline{S}$ 的波形如图 8-26 所示，设触发器 Q 端的初始状态为 0，试对应画出输出 Q 和 $\overline{Q}$ 的波形。

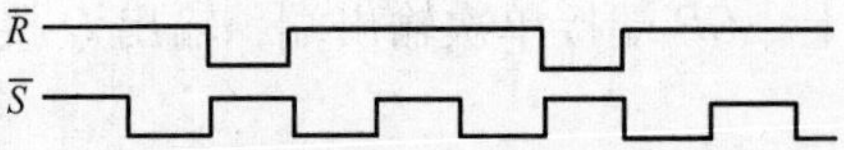

图 8-26　习题 8-2 图

8-3　同步 RS 触发器输入 CP、R、S 的波形如图 8-27 所示，触发器 Q 端的初始状态为 0，试对应画出同步 RS 触发器 Q、$\overline{Q}$ 的波形。

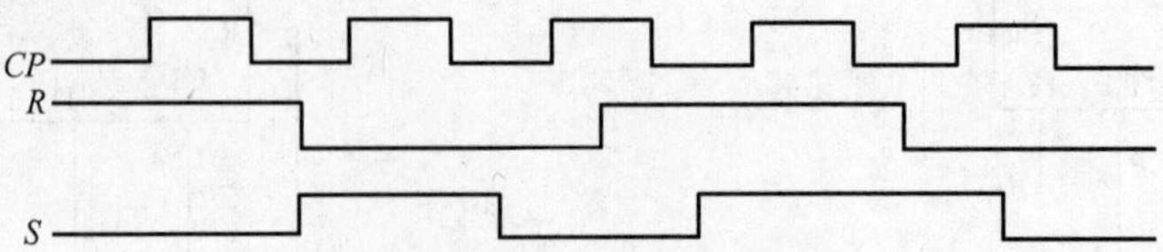

图 8-27　习题 8-3 图

8-4　图 8-28 所示为 CP 脉冲上升沿触发的 JK 触发器的逻辑符号及 CP、J、K 的波形，设触发器 Q 端的初始状态为 0，试对应画出 Q、$\overline{Q}$ 的波形。

8-5　图 8-29 所示为 CP 脉冲上升沿触发的 D 触发器的逻辑符号及 CP、D 的波形，设触发器 Q 端的初

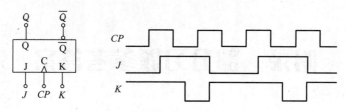

图 8-28　习题 8-4 图

始状态为 0，试对应画出 Q、$\overline{Q}$ 的波形。

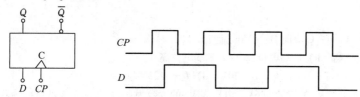

图 8-29　习题 8-5 图

8-6　如图 8-30 所示电路，设电路的初始状态为 $Q_0 Q_1 = 00$，CP 和 D 的波形如图所示，试画出 Q、$\overline{Q}$ 的波形。

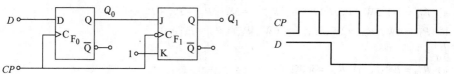

图 8-30　习题 8-6 图

8-7　图 8-31 所示电路是一个防盗报警装置，a、b 两端用一细铜丝接通，将此铜丝置于盗窃必经之处。当盗窃者闯入室内将铜丝碰掉后，扬声器即发出报警声。试说明电路的工作原理。

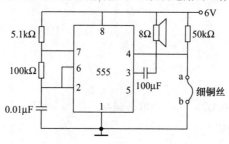

图 8-31　习题 8-7 图

附录　部分习题参考答案

第 1 章

1-1　a）B 流向 A　b）C 流向 D　c）F 流向 E

1-2　a）B 端电位高　b）C 端电位高　c）F 端电位高

1-3　a）$I = 2A$　b）$I = -1A$　c）$U = 20V$　d）$U = -25V$

1-4　S 打开：电压表 V_1 的读数为 6V，电压表 V_2 的读数为 0V，电流表 A 的读数为 0A；

　　S 闭合：电压表 V_1 的读数为 0V，电压表 V_2 的读数为 6V，电流表 A 的读数为 1.5A

1-5　a）15W，耗能　b）-4W，供能　c）-16W，供能

1-6　a）$U = -12V$　b）$U = 8V$

1-7　a）$P_{5V} = -7.5W$，$P_{2\Omega} = 12.5W$，$P_{1A} = -5W$，$P_{5V} + P_{1A} + P_{2\Omega} = 0$

　　b）$P_{4V} = 4W$，$P_{2\Omega} = 2W$，$P_{1A} = -6W$，$P_{4V} + P_{2\Omega} + P_{1A} = 0$

1-8　$U_{ab} = 7V$

1-9　a）$R_{AB} = 200\Omega$　b）$R_{AB} = 300\Omega$

1-10　$I = 0.114A$，$R = 1936\Omega$

1-11　$I = -3A$，$U = 10V$

1-12　$I_1 = 2A$，$I_2 = 3A$，$I_3 = -5A$

1-13　$I = 20A$

1-14　$U = 1.71V$

第 2 章

2-1　1）$f = 50Hz$，$T = 0.02s$，$\omega = 100\pi rad/s$，$U_m = 200V$，$U = 141.4V$，$\varphi_u = -150°$

　　2）$u_{5ms} = -173.2V$

　　3）图略

2-2　1）$\varphi_{12} = -50°$　2）i_2 超前 i_1 50°　3）i_2 与 i_3 不同相

2-3　1）$A + B = 2 + j2$　2）$A - B = 14 - j14$　3）$AB = 100 \underline{/90°}$　4）$A/B = 1 \underline{/-164°}$

2-4　略

2-5　1）a）$i = 14.14\sin(100\pi t + 30°)$，$u = 70.7\sin(100\pi t + 30°)$，$\dot{U} = 50 \underline{/30°}V$，

　　　　　$\dot{I} = 10 \underline{/30°}A$

　　　b）$i = 14.14\sin(100\pi t + 30°)$，$u = 70.7\sin(100\pi t - 60°)$，$\dot{U} = 50 \underline{/-60°}V$，

　　　　　$\dot{I} = 10 \underline{/30°}A$

　　　c）$i = 14.14\sin(100\pi t - 30°)$，$u = 70.7\sin(100\pi t + 60°)$，$\dot{U} = 50 \underline{/60°}V$，

$\dot{I} = 10 \underline{/-30°}\mathrm{A}$

2）a）$Z = 2\Omega$，电阻元件

b）$Z = -\mathrm{j}2\Omega$，电容元件

c）$Z = \mathrm{j}2\Omega$，电感元件

2-6　$u = \sqrt{2}\sin314t\mathrm{V}$，$P = 0.01\mathrm{W}$

2-7　1）$R = 550\Omega$，$L = 1.75\mathrm{H}$，$C = 5.79\mu\mathrm{F}$

2）$P = 22\mathrm{W}$，$Q_L = 22\mathrm{var}$，$Q_C = -22\mathrm{var}$

2-8　1）$R = 60\Omega$，$L = 250\mathrm{mH}$

2）$P = 290.4\mathrm{W}$，$Q = 387.2\mathrm{var}$，$S = 484\mathrm{V \cdot A}$

2-9　1）$i = 4.37\sin（628t + 76°）\mathrm{A}$，$u_R = 131.1\sin（628t + 76°）\mathrm{V}$，$u_L = 609.8\sin$ $（628t + 166°）\mathrm{V}$，

$u_C = 87.1\sin（628t - 14°）\mathrm{V}$

2）$P = 284.1\mathrm{W}$，$Q = 1139.3\mathrm{var}$，$S = 1174.2\mathrm{V \cdot A}$，$\cos\varphi = 0.24$

3）图略

2-10　1）$\cos\varphi_2 = 0.78$　2）$123\mu\mathrm{F}$

2-11　$\dot{U}_U = 220 \underline{/-90°}\mathrm{V}$，$\dot{U}_V = 220 \underline{/150°}\mathrm{V}$，$\dot{U}_W = 220 \underline{/30°}\mathrm{V}$，

$\dot{U}_{UV} = 380 \underline{/-60°}\mathrm{V}$，$\dot{U}_{VW} = 380 \underline{/180°}$

2-12　1）$I_{UV} = I_{VW} = I_{WU} = 15\mathrm{A}$　2）$I_{VW} = I_{WU} = 15\mathrm{A}$　$I_{UV} = 0$

3）$I_{VW} = 15\mathrm{A}$，$I_{UV} = I_{WU} = 0$

2-13　△：$P = 51.98\mathrm{kW}$　　$Q = 69.29\mathrm{kvar}$　　$S = 86.62\mathrm{kV \cdot A}$

Ｙ：$P = 17.38\mathrm{kW}$　　$Q = 23.17\mathrm{kvar}$　　$S = 28.96\mathrm{kV \cdot A}$

2-14　$\cos\varphi = 0.86$，$P = 16.93\mathrm{kW}$

第 3 章

3-1　1）$U_{2N} = 36\mathrm{V}$，$I_{1N} = = 5.26\mathrm{A}$，$I_{2N} = 55.56\mathrm{A}$

2）$I_1 = 2.11\mathrm{A}$，$I_2 = 22.22\mathrm{A}$

3-2　1）$I_1 = 1.67\mathrm{A}$　2）$P_1 = 3.67\mathrm{kW}$　3）$P_{损耗} = 367\mathrm{W}$

3-3　825 盏

3-4　$\eta = 80\%$，$P_{损耗} = 38\mathrm{W}$

3-5　5 匝

3-6　略

3-7　330 匝

第 4 章

4-1　略

4-2　6，2

4-3　6，0.05

4-4　1）$I_N = 84.2A$　2）$s_N = 0.013$　3）$T_N = 290.4N \cdot m$，$T_m = 638.88N \cdot m$，$T_{st} = 551.76N \cdot m$，

4-5 ~ 4-17　略

第 5 章

5-1　1. P，N；2. 单向导电，正向，反向；3. 负，正；4. 0.6 ~ 0.7V，0.2 ~ 0.3V；5. 单向导电性；6.4；7. 脉动较大的，平滑的；8. 负载，电网电压，输出电压；9. 7809，7906

5-2　略

5-3　b

5-4　a）0.7V　b）1.5V　c）4.3V

5-5　略

第 6 章

6-1　1. 硅管，锗管，NPN，PNP；2. 基区，集电区，发射区；3. 发射，集电，基，集电，发射，B，C，E；4. 共基极，共集电极，共发射极；5. 正向偏置，反向偏置，正向偏置，正向偏置，反向偏置，反向偏置；6. 0.5V，0.1V；7. 相反；8. 开路，短路，开路；9. 高，降低，低，提高

6-2　a）截止　b）饱和　c）放大

6-3　1）NPN，硅管，V_1 对应基极 B，V_2 对应发射极 E，V_3 对应集电极 C

　　2）NPN，锗管，V_1 对应基极 B，V_2 对应发射极 E，V_3 对应集电极 C

　　3）PNP，硅管，V_1 对应基极 C，V_2 对应发射极 B，V_3 对应集电极 E

　　4）PNP，锗管，V_1 对应基极 C，V_2 对应发射极 B，V_3 对应集电极 E

6-4　a）是由 NPN 型管构成的放大电路，发射结正偏，集电结反偏，且输入、输出信号能正常传输，故具有放大作用。

　　b）发射结正偏，集电结反偏，但 $R_C = 0$，输出信号被电源 V_{CC} 短接，使 $u_o = 0$，该电路无电压放大作用。

　　c）发射结正偏，集电结反偏，但输入信号被直流电源 V_{CC} 短接，晶体管无输入信号，故无放大作用。

6-5　$I_{BQ} = 0.05mA$，$I_{CQ} = 2mA$，$U_{CEQ} = 6V$

6-6　1）$I_{BQ} = 0.03mA$，$I_{CQ} = 1.2mA$，$U_{CEQ} = 5.88V$；2）图略；3）-87；4）1.17kΩ，5.1kΩ

6-7　$u_o = -(2u_{i1} + 2u_{i2} + 2.5u_{i3})$

6-8　略

第7章

7-1 1. 0，1；2. 离散的；3. 00101000；4. 与门，或门，非门；5. 6；6. 16；7. $\overline{Y}_5$

7-2 $(234)_{10} = (EA)_{16} = (001000110100)_{BCD}$

$(110111)_2 = (55)_{10} = (37)_{16}$

$(4A7)_{16} = (10010100111)_2 = (1191)_{10}$

7-3 2345，929

7-4 略

7-5 （1）$Y = \overline{A}C + AB$ （2）$Y = 1$

7-6 $Y_1 = \overline{A}B + A\overline{B}$，$Y_2 = AC + BC$

7-7 $Y_1 = \overline{A}\,\overline{B}\,\overline{C} + \overline{A}\,\overline{B}C + AB\overline{C}$，$Y_2 = \overline{A}\,\overline{B}C + \overline{A}B\,\overline{C} + A\,\overline{B}\,\overline{C} + ABC$，

$Y_3 = \overline{A}BC + A\,\overline{B}C + AB\overline{C} + ABC$，$Y_4 = \overline{A}\,\overline{B}C + \overline{A}B\,\overline{C} + \overline{A}BC + ABC$

图略

7-8 $Y = \overline{A}\,\overline{B}\,\overline{C} + AB\,\overline{C} + \overline{A}BC$

7-9 1）7 种 2）C

7-10 ~ 7-13 略

第8章

8-1 1. 2，8；2. 0，0；3. $Q = 1$、$\overline{Q} = 0$，$Q = 0$、$\overline{Q} = 1$，Q；4. $\overline{R} + \overline{S} = 1$；5. 置1，置0，保持；置1，置0；置1，置0；翻转，保持；6. 同步，异步；7. 数据，移位；8. 组合逻辑电路，时序逻辑电路；9. 0，0；10. $\overline{Q}^n$

8-2 ~ 8-7 略

参考文献

[1] 李明辉．电工与电子技术［M］．西安：西北工业大学出版社，2008．
[2] 汪临伟．电工与电子技术［M］．北京：清华大学出版社，2005．
[3] 李良仁．电工与电子技术［M］．北京：电子工业出版社，2011．
[4] 王国伟．电工电子技术［M］．北京：机械工业出版社，2010．
[5] 袁洪岭，印成清，张源淳．电工电子技术基础［M］．武汉：华中科技大学出版社，2013．
[6] 席时达．电工技术［M］．北京：高等教育出版社，2010．
[7] 王晓荣，余颖．电工电子技术基础［M］．武汉：武汉理工大学出版社，2010．
[8] 陈定明．电工技术及实训［M］．北京：机械工业出版社，2005．
[9] 成叶琴，王海群．电子技术及实训［M］．北京：机械工业出版社，2005．
[10] 王宝根．电工电子技术与技能［M］．上海：复旦大学出版社，2010．
[11] 许建平．电工与电子技术实验［M］．北京：化学工业出版社，2006．
[12] 陈梓城．模拟电子技术基础［M］．北京：高等教育出版社，2003．
[13] 王慧玲．电路基础［M］．2版．北京：高等教育出版社，2007．
[14] 李树燕．电路基础［M］．2版．北京：高等教育出版社，1994．